캄프토사우루스 미식 기행

A SURVIVAL GUIDE TO DINOSAURS AGES

캄프토사우루스 미식 기행

어느 날 쥐라기로부터 불어온 탁월풍

두걸 딕슨 지음　장성주 옮김

함께읽는책

여행을 떠날 각오가 되어 있는 자만이
자기를 묶고 있는 속박에서 벗어나리라.

— 헤르만 헤세, 《생의 계단》

차례

일러두기

◎ 이 책은 2009년 일본의 Gakken출판사에서 출간된 恐竜時代でサバイバル(A survival Guide to Dinosaurs Ages)을 우리말로 옮긴 것입니다.

◎ 공룡 이름은 국립국어원의 라틴어 및 그리스어 표기 세칙을 따랐습니다.

◎ 화석이 중국에서 발견된 공룡의 경우 1979년 이전에는 웨이드식 표기법에 따라 Chunkingo-saurus, Chialingosaurus 등으로 학명이 정해졌고, 이를 그대로 읽으면 충킹고사우루스, 키아링고사우루스가 되어 실제 공룡 화석이 발견된 중국의 현재 지명과 전혀 다르게 읽히게 됩니다. 이 책에서는 세계적으로 언론과 학계에서 주로 쓰이는 중국의 공식 발음 기호인 한어병음자모 표기법에 따라 충칭고사우루스, 자링고사우루스 등으로 표기하였으며 이 원칙은 중국에서 발견된 모든 공룡 화석에 적용하였습니다.

떠나자, 궁극의 현실 도피!

'지겨워. 이제 다 지긋지긋해.'

문득 이런 생각이 들 때가 있다. 직장에서 또는 학교에서, 나를 괴롭히는 귀찮은 일들을 모조리 내팽개치고 싶다. 이 지루한 나날로부터 탈출하고 싶다. 정신없이 바쁜데도 왠지 따분하기만 한 21세기의 삶을 등지고 어디 다른 곳으로 가 버리고 싶다.

이왕 갈 거라면 어딘가 새로운 곳으로 향하고 싶다. 지금하고는 완전히 다른, 모험 같은 삶에 뛰어들고 싶다. 빌딩 숲에 포위당한 채 규칙에 꽁꽁 묶여 살아가는 일상으로부터 멀리 떠나, 생전 처음 보는 경치 속에서 살아 보고 싶다. 상상도 못했던 위험과 곤경에 직면한다고 해도 좋다. 손가락만 까딱해도 목숨이 위태로운 일…… 그 정도로 새롭고 긴박한 일이라면 기꺼이 떠맡을 수 있다.

아득히 먼 옛날부터 사람들은 틈만 나면 그런 생각에 빠져들었다. 머릿속에 떠오르는 도피처의 단골 레퍼토리는 늘 망망대해의 외딴섬이다. 단, 기후가 온화해서 먹을거리를 구하기 쉬운 섬, 죽기살기로 발버둥 치지 않아도 느긋하게 살 수 있는 섬이어야 한다.

소박한 원주민들이 사는 오지도 나쁘지 않다. 그런 곳에서는 의무라고 해 봐야 고작 제 한 몸 지키며 살아남는 것, 또 자기가 몸담은 공동체를 오래도록 이어 가는 것뿐이다. 그러므로 하려는 의지만 있으면 자기만의 문화를 가꾸어 나갈 기회와 수단을 넉넉히 가질 수 있다. 그런 곳이라면 우리 같은 이방인도 슬며시 섞여 들어 하나가 될 수 있을 것이다. 아니면 공상의 날개를 더 활짝 펼쳐 아예 다른 별로 휙 날아가는 것도 좋다. 생물학, 화학, 물리학의 법칙은 지구와 똑같지만 그 법칙에 따라 나타나는 낯선 환경은 신기하고 환상적인 외계의 별 말이다.

인류는 옛날부터 이러한 꿈을 상상 속에 그려 왔다.

자, 이제 거기에 새로운 꿈 하나를 추가해 보자. 지구에 그대로 머문 채로 시간을 거슬러 올라가는 꿈이다. 다른 장소가 아니라 다른 시대로 가는 것이다. 목적지는 19세기 빅토리아 여왕 시대도, 명 왕조 시대도, 고대 로마 제국 시대도 아니다. 그보다 훨씬 더 먼 옛날, 기묘한 이름이 붙은 탓에 일반인들은 실상을 잘 알 수 없는 지질 시대 한복판이다. 그 아득한 과거로 거슬러 올라가 본다면?

그렇다. 이것이야말로 궁극의 현실 도피인 것이다.

모험을 위한 최고의 무대―쥐라기 후기, 공룡의 전성시대

지구가 존재하기 시작한 지 46억 년이 됐다. 100만의 100배의 46배…… 46 뒤에 0이 무려 8개…… 정신이 아득해질 만큼 긴 시간

12

이다. 그중 생명체가 살았던 시간은 약 35억 년으로 추정된다. 하지만 그 긴 시간 내내 지구가 살기 좋은 장소였을 리는 없다. 불과 수억 년 전까지만 해도 지표면의 환경은 생물에게 우호적이지 않았다. 가장 큰 원인은 바로 지구의 대기였다. 지구가 처음 모양을 갖추고 나서 남아 있던 가스 상태의 물질로부터 유독 가스가 형성되었는데, 바로 이 유독 가스의 혼합체가 지구를 둘러싼 대기가 되었기 때문이다. 인간인 우리가 그때 태어났더라면 자신이 태어난 행성의 공기조차 마실 수 없었을 것이다. 최초의 생물은 바닷속에 살며 바닷물에 녹아 있는 화학 물질로부터 에너지를 얻어 동력원으로 삼았으리라 추정된다. 그러다가 진화를 거듭하여 광합성을 하는 식물이 등장했고, 이로써 태양 에너지를 이용하여 화학 물질을 분해한 다음 여기서 쓸모 있는 양분을 합성할 수 있게 되었다. 이 과정에서 부산물로 방출된 산소가 대기 속에 쌓이기 시작했다. 산소가 대기 속에 어느 정도 축적되면서 생물이 물에서 나와 육지에 살 수 있게 된 것은 고작 4억 년 정도 전의 일이었다. 즉, 그전까지 우리 인간은 지표면에서 번성은커녕 살아남기조차 불가능했던 것이다.

데본기부터 석탄기(약 4억 1700만 년 전~2억 9000만 년 전)에 걸쳐 육지에 초록이 늘어났다. 이전의 대륙은 생물이 살기 힘든 사막 그 자체였고 해안선이나 강, 호수 가장자리에만 얼마 안 되는 식물이 초라하게 자라고 있었다. 이 시기에는 대규모 조산 활동이 계속되었다. 지표면의 몇 개 대륙이 충돌하여 하나로 이어지는가 하면, 대륙이 점점 커지는 과정에서 양쪽으로부터 압력을 받은 땅이 위로

현생누대	신생대	제4기	180만 년 전~현재	빙하기 시작, 인류의 출현
		제3기	6,500만 년 전~	공룡 멸종 경계, 대형 포유류의 등장
	중생대	쥐라기·백악기	19,500만 년 전~ 6,500만 년 전	판게아 분열, 안정적 기온, 식물 번성, 거대 공룡의 시대
		페름기· 트라이아스기	29,000만 년 전~ 19,500만 년 전	사막의 시대, 단일 초대륙(판게아), 사막 같은 환경, 판게아 주변부에 양치류와 침엽수 등장, 최초의 공룡 등장
	고생대	데본기·석탄기	41,700만 년 전~ 29,900만 년 전	전갈·잠자리를 닮은 거대 곤충이 살아가던 절지동물의 시대
		데본기· 석탄기 이전		대규모 지각 운동, 삼각주와 습지 형성, 초기 육상 식물의 등장

▲ 지질 시대를 기준으로 살펴본 지구의 역사.

솟아 큰 산맥을 형성하기도 했다. 산들은 생겨나자마자 비바람에 깎여 부서졌고, 부서진 바위와 돌은 산속의 시냇물에 실려 내려와 저지대와 얕은 바다로 퍼져 나갔다. 이렇게 형성된 삼각주와 습지가 초기 육상 식물에게 이상적인 생육 환경을 제공한 덕분에 이 무렵부터 숲이 모습을 드러내기 시작했다.

어쩌면 이 시기에 새로 등장한 여러 식물 종種은 인간에게 적합한 식량이었을지도 모른다. 하지만 현대인의 눈으로 보면 어느 것이나 별나고 기상천외한 모습일 테니 먹어도 되는 식물과 못 먹는 식물을 구분하기가 어려울 것이다. 한편 데본기와 석탄기는 전갈이나 잠자리를 닮은 거대 곤충이 살아가던 절지동물의 시대이기도 했다. 아득히 먼 지질 시대로 거슬러 올라간 모험가에게 이러한 동물의 고기는 어쩌면 소중한 양식이 될지도 모른다.

이어지는 페름기(2억 9000만 년 전~2억 5000만 년 전)와 트라이아스기(2억 5000만 년 전~1억 9500만 년 전)는 사막의 시대였다. 이 시기 지상의 모든 대륙은 하나로 합쳐져 광대한 단일 초대륙을 형성하고 있었다. 이 초대륙을 판게아라고 한다. 터무니없이 넓었던 판게아의 내륙 지대는 지금의 사하라 사막(아프리카 북부)이나 아타카마 사막(남아메리카의 칠레 북부) 못지않게 건조하고 무더웠기 때문에 틀림없이 어떤 생물도 살 수 없었을 것이다. 그러나 판게아 주변부는 조금이나마 살기 편한 환경이었으리라고 추정된다. 식물들은 이곳에서 계속 진화했고, 마침내 양치류나 침엽수처럼 지금의 우리가 봐도 알아볼 수 있는 식물들이 등장했다. 계속 진화하기는 동물도 마찬가지였다. 크기가 소만 한 원시 거북, 사자처럼 사냥하는 육지 악어, 포유류의 선조이기도 한 몸에 털이 난 수각류, 그리고 최초의 공룡까지, 기기묘묘한 파충류들이 물가를 헤매고 다녔다. 현대로부터 시간을 거슬러 올라간 모험가들의 관점에서 보면 생명을 이어가기에 충분한 자원이 이제야 슬슬 모이기 시작한 것이다.

쥐라기의 여명기부터 백악기(1억 9500만 년 전~6500만 년 전)에 걸쳐 초대륙 판게아에 균열이 일어나기 시작했다. 현존하는 여러 대륙의 시초가 된 드넓은 육지가 초대륙으로부터 서서히 갈라져 나왔다. 이와 동시에 바다가 내륙 깊숙이 쐐기처럼 파고들면서 대륙 주변부는 얕은 바다에 잠겼다. 기후가 예전보다 안정적으로 바뀌자 식물이 번성하여 넓은 지역을 초록으로 뒤덮었다. 이제 거대한 동물들이 여기저기 돌아다닌다. 때는 바야흐로 거대 공룡의 시대이다.

공룡이 멸종한 6500만 년 전을 경계로 지구는 지질 시대의 최종 단계에 들어선다. 중생대의 마지막 시기인 백악기에 이어 신생대의 제3기인 고⁺신생기에 들어서면 현대와 비슷한 삼림과 초원이 발달하고, 포유류도 서서히 진화하여 우리 눈에 익은 생물들의 조상 세대가 등장한다. 이쯤 되면 어떤 식물을 채집하고 어떤 동물을 사냥할지 대번에 알 수 있다. 게다가 그런 동식물이 넉넉하게 분포하고 있으니 시간을 뛰어넘은 모험가도 살기가 좀 편해질 것이다. 이 시기부터 기온이 줄곧 내려가서 180만 년 전 신생대 제4기(플라이스토세)에 이르면 빙하기가 시작된다. 약 1만 년 전 빙하기가 끝난 시점, 마침내 인간의 차례가 돌아오고 문명이 발달하여 오늘날까지 이어진다.

이렇게 보면 오늘날에 가까워질수록 살아남을 가능성이 커진다는 것을 알 수 있다. 그러나 현실을 떠나 모험을 택하고 싶다면 쥐라기 후기, 바로 공룡의 전성시대를 고르는 것이 좋다.

모든 것이 새로운 기상천외한 세계

환경을 결정짓는 것은 동식물만이 아니다. 이런저런 물리적 요인도 함께 작용한다. 그중 하나가 바로 대기이다. 대기의 산소 농도는 이미 4억 년 전에 우리 인간이 살기에 적합한 농도로 맞춰졌지만,

완전히 고정되지 않은 채 크게 변하곤 했다. 오늘날의 대기 중 산소 농도는 20퍼센트인 데 비해 쥐라기 후기의 산소 농도는 약 35퍼센트로 추정된다. 사실 이 수치는 거대한 공룡이 살아갈 수 있었던 이유를 설명할 목적으로 제시된 것이다. 산소 농도가 높은 대기를 호흡했다면 공룡들이 거대한 덩치에 산소를 구석구석 공급할 수 있었던 것도 납득이 가기 때문이다. 한편 이 시기에는 이산화탄소 농도 역시 높았다. 식물이 잘 자라려면 이산화탄소가 반드시 필요하므로 쥐라기 후기에 식물이 번성했던 것은 풍부한 이산화탄소 덕분이라고 할 수도 있을 것이다. 어쨌거나 쥐라기 후기의 대기 성분은 오늘날과 다르기 때문에 도착한 직후에는 숨 쉬기가 조금 힘들지도 모르지만, 몸이 익숙해지기까지 그리 오래 걸리지는 않을 것이다.

달은 태양계 자체가 탄생하고 3000만 년 내지 5000만 년이 지난 후에 원시 지구를 구성하고 있던 물질에서 튀어나온 천체로서, 이후 천천히 지구로부터 멀어졌다. 그 말은 곧 쥐라기 후기의 밤하늘에 떠 있는 달은 현대의 달보다 더 크게 보인다는 뜻이다. 다만 터무니없이 크지는 않을뿐더러 천공 높이 걸려 있을 때에는 딱히 비교할 대상도 없으므로 눈에 띄게 차이가 나지는 않을 것이다. 하지만 달과 지구 사이의 거리가 점점 멀어지면 중력 균형이 변한다. 따라서 달의 중력에 바닷물이 끌려가 일어나는 조석 현상도 변하게 되고, 지구 자전에도 마찰 효과가 일어난다. 이러한 여러 가지 영향이 겹친 결과 지구의 자전 속도는 시간이 갈수록 느려진다. 쥐라기의 자전 속도는 오늘날보다 빨랐기 때문에 하루의 길이도 더 짧았다. 적어도 한 시간 정도는 짧았을 것이다. 하지만 현대 세계에서 건너간 모험가의 체내 시계가 그 시대에 적응하는 데에는 그리 긴 시간이 필요하지 않을 것이다.

어쨌거나, 당신이 찾아가려고 하는 목적지가 동식물도 기후도 물리적 상황도 완전히 새로운 세계라는 것만은 틀림없는 사실이다. 그러나 모험이란 자고로 낯설어야 하는 법. 자, 어떤 놀라움이 기다리고 있는지 지금부터 느긋하게 알아보자.

1장

어서오세요,
여기는 쥐라기 후기입니다!

여기도 화산, 저기도 화산,
쉬지 않고 움직이는 대륙들

위의 제목이 바로 1억 5000만 년 전 쥐라기 후기의 지구 상황이다. 우주에서 보면 파란 구체의 이곳저곳에 하얀 구름이 끼어 육지를 가린 모양이 오늘날의 지구와 꼭 닮았다. 그러나 구름 아래로 내려가면 곳곳에 낯선 풍경이 펼쳐진다.

우선 대륙의 위치가 다르다는 점이 눈에 띈다. 오늘날 남반구에 자리 잡은 대륙들, 즉 남아메리카와 아프리카, 남극, 오스트레일리아를 비롯하여 지금은 북반구에 있는 인도마저도 아직 원시 대륙으로부터 갈라지지 않은 채 다 함께 하나의 초대륙을 이루고 있다. 남반구의 이 거대한 대륙을 곤드와나라고 한다.

북반구 쪽으로 눈을 돌리면 바다에 흩어진 대륙 몇 개가 보인다. 시베리아는 중국을 비롯한 동아시아 국가들 대부분과 얕은 지협으로 이어져 있다. 북아메리카는 남아메리카 및 시베리아와 이

초대륙
(판게아)

로라시아와
곤드와나

▲ 1억 5000만 년 전 쥐라기 후기의 지구 모습.

어지지 않고 외따로 떨어진 대륙이다. 유럽은 얕은 바다에 흩어진 여러 섬들에 지나지 않지만, 이 섬들은 사실 바다 밑으로 연결되어 대륙 한 덩이를 형성하며 아시아 및 북아메리카와 이어져 있다. 현대의 지질학자들은 이 북쪽 대륙을 로라시아라고 부른다. 쥐라기 후기에는 해수면의 높이가 지금보다 높기 때문에 로라시아 중앙부는 대부분 물속에 잠겨 있다.

이 대륙들은 쉬지 않고 이동하고 있다. 대륙이 이동하는 속도는 설령 현장에 있다고 해도 느끼지 못할 만큼 몹시 느리다. 그러나 이동의 결과는 각 지역의 지리상 특징이 되어 현실로 나타난다. 남아메리카와 북아메리카는 이어져 있지는 않지만 거의 같은 속도로 서쪽을 향해 이동하고 있다. 이들 두 대륙은 이동하는 동안 진행 방향 앞쪽의 퇴적물을 압축하기도 하고 섬을 집어삼키기도 하는데, 그 결과 대륙 연안에 굽이굽이 늘어선 습곡 산맥이 형성된다. 이 산맥들은 로키 산맥과 안데스 산맥의 선조였으리라고 추측된다. 인정사정없이 움직이는 대륙에 떠밀려 올라온 퇴적물 가운데 맨 먼저 바다 위로 얼굴을 내민 것은 바로 해안을 따라 늘어선 섬들이다. 또한 해수면에 기다랗게 깔린 검은 연기를 보면 알 수 있듯이, 심해에서는 대륙의 움직임에 자극을 받아 화산이 생겨나는 중이다.

대륙의 가장자리, 특히 아시아 대륙의 남쪽 가장자리에서는 바다 밑바닥이 지각 아래로 기어 들어가는 현상이 일어나고 있다. 그 결과 가늘고 기다란 해구가 만들어지고 여기서 더 깊은 해연이 형성된다. 지각 아래로 밀려든 물질은 지구 깊숙한 곳에서 고열과 압력에 시달리다 파괴된다. 이렇게 파괴된 물질들이 다시 위로 올라와 지각을 부수고 바다 밑바닥이나 대륙붕에 쌓여 둥그런 모양이나 길게 늘어선 열도 모양의 화산섬을 형성한다. 얼핏 보면 오늘날의 말레이시아, 또는 알래스카와 시베리아 사이에 길게 이어진 알류샨 열도와 꽤 비슷하다.

아시아 대륙의 동쪽 끝을 보면 일본 열도는 아직 생기기 전이다. 훗날 일본이 될 자리에는 구불구불한 산맥이 서 있다. 이 산맥은 바다 밑바닥의 퇴적물이나 먼 옛날의 섬, 토막 난 해저 산맥 따위로 이루어져 있다. 지각이 움직이면서 이러한 물질들이 바다를 가르고 밀려와 대륙 끄트머리에 단단히 쌓인 것이다. 산맥 여기저기에 보이는 화산들은 이 지각 운동이 방대한 에너지를 동반한다는 증거이다. 일본 열도가 아시아 대륙 끝자락에서 떨어져 나와 동해가 생기려면 아직 1억 3000만 년을 더 기다려야 한다.

　남반구의 곤드와나 초대륙은 보기보다 튼튼하지 않다. 이미 균열이 시작되었을 뿐 아니라 곳곳에서 변형이 눈에 띄기 시작한다. 남아메리카와 남극의 경계선, 또 남아메리카와 아프리카의 경계선을 따라 열곡裂谷, 즉 평행한 두 단층 사이에 좁게 파인 골짜기가 길게 이어져 있다. 이 열곡은 얼마 안 있어 넓게 벌어지고 이 자리에 바닷물이 흘러 들어온다. 이로써 예전의 초대륙은 마침내 완전히 나누어지고 태곳적의 암석층에 깊은 틈새가 생기는데, 이 틈새를 따라 새로이 큰 바다가 형성된다. 이러한 현상은 아프리카에서도 똑같이 일어나는 중이다. 이른바 '지구의 도랑'으로 불리는 케냐의 그레이트 리프트 밸리가 바로 그 현장이다. 이 기다란 열곡은 머지않아 동아프리카를 나머지 아프리카 대륙으로부터 떼어 놓는다. 열곡의 북쪽에 이어지는 홍해는 이 거대한 틈새에 바닷물이 고여 만들어진 젊은 바다이다. 그러나 당신이 도착할 쥐라기 후기의 세상에서는 곤드와나 초대륙이 몇 개 대륙으로 나뉘는 과정이 아직 완전히 마무리되지 않았다.

　쥐라기 후기인 현재, 북반구에서는 이미 변화가 일어나는 중이다. 북아메리카 대륙의 동쪽 해안선을 따라 늘어선 산맥은 대륙 서쪽의 산맥보다 더 일찍 생겼으며, 이곳이 나중에 애팔래치아 산맥이 된다. 이 오래된 산맥은 수억 년 전에 생겨났다. 쥐라기 대륙보다 훨씬 오래된 태곳적의 대륙들이 서로 충돌하면서 하나로 모여 로라시아 대륙이 되었을 때, 그 사이에 낀 바다나 섬들이 충돌의 연쇄 작용으로 밀려 올라와 히말라야 산맥과 닮은 산맥을 형성한 것이다. 이 산들은 수억 년 동안 비바람에 침식당한 탓에 처음 생겨났을 때보다 높이가 꽤 낮아졌다. 그러나 산맥이 뻗어 나간 방향을 죽 훑어보면 수많은 단층과 골짜기가 여전히 남아 있다. 대륙이 또 다시 나뉘기 시작한 지금, 이 연약한 틈새들을 따라 최초의 균열이 나타나기 시작한다. 남쪽에서는 이미 새로운 바다가 생겨나는 중이다. 수백만 년 전 북아메리카 대륙이 곤드와나 초대륙의 북쪽, 즉 북아프리카로부터 갈라질 때 열곡이 만들어졌는데, 이 기다란 열곡에 바닷물이 흘러들어 새로이 바다가 만들어진 것이다. 북아메리카 대륙과 북아프리카는 해안선이 서로 닮은꼴이기 때문에 맞춰 보면 거대한 조각 그림처럼 딱 들어맞는다. 현대 세계에서 홍해의 양쪽 기슭이 닮은꼴을 하고 있는 것도 같은 이유 때문이다. 두 대륙 사이에 있는 것은 해양의 물리적 특징을 모두 갖춘 진짜 바다이다. 바다 깊숙한 곳에서는 중앙선을 따라 해저 산맥이 계속 성장하는 중이고 양쪽 가장자리에는 대륙붕이 있다. 오늘날의 대서양은 바로 이 바다에서 생겨나기 시작했다.

현대 세계와 다른 것은 대륙의 위치뿐만이 아니다. 해수면의 높이 또한 지금과 다르다. 유럽 지역은 얕은 바다로서, 우리가 아는 대륙의 상당 부분이 수면 아래 잠겨 있다. 북아메리카 대륙 중북부도 쥐라기 후기부터 그리 머지않은 과거까지 북극해에서 남쪽으로 이어진 얕은 바다로 뒤덮여 있었다. 현대의 지질학자들은 이 바다를 선댄스해㈜라고 부른다. 선댄스해는 이후 점점 북쪽으로 물러나는데 쥐라기 후기가 되면 북아메리카 대륙의 중북부와 캐나다만 뒤덮은 채로 더 위쪽의 북극해와 연결된다.

일단 대륙 및 기타 자잘한 육지의 위치가 머리에 들어오면 그다음은 얼음으로 덮인 곳이 전혀 안 보인다는 사실을 깨닫게 된다. 오늘날보다 꽤 따뜻하다는 생각이 언뜻 떠오른다. 게다가 얕은 바다가 대륙의 상당 부분을 뒤덮고 있을 뿐 아니라 새로 생겨난 바다가 내륙까지 파고든 탓에, 이후 수천만 년 동안 다시없을 습한 기후가 펼쳐진다. 이때까지 대륙의 상당 부분은 건조한 사막이었다. 그 사막이 이제 녹색으로 물들기 시작한 것이다.

이것이 바로 당신이 이주하려고 생각하는 행성의 모습이다.

1억 5000만 년을 거슬러 올라가 모리슨 평야로!

일단은 자신이 잘 아는 장소를 고르는 것이 좋다. 그래야 준비를 제대로 갖출 수 있기 때문이다. 도착하고 보니 하나같이 깜짝 놀랄 일투성이라면 조금도 반갑지 않을 것이다. 오늘날의 지질학자들이 지구 곳곳에 관하여 우리에게 알려 주는 지식을 참고하자면, 현대의 북아메리카 대륙 중서부에 해당하는 땅을 목적지로 택하는 것이 좋을 듯싶다.

지질학자들은 1860년대 이후로 이 지역의 암석을 상세히 조사해 왔다. 이곳의 암석층을 구성하는 물질은 강과 호수의 퇴적물로서 모래와 자갈, 사암, 이암 그리고 석회암이 조금 섞여 있다. 조사를 맨 처음 실시한 곳이 콜로라도 주 덴버였기 때문에 지질학자들은 덴버 근처의 모리슨이라는 마을의 이름을 따서 이 암석층에 모리슨층▪이라는 이름을 붙였다. 모리슨층은 두께가 최대 150미터나 되고 넓이는 약 150만 제곱킬로미터에 이르며 콜로라도 주와 유타 주, 와이오밍 주에 걸쳐 분포한다. 이 지층을 만든 환경 조건은 600만 년 내지 700만 년 동안이나 지속되었다. 모리슨층에서는 유명한 공룡 화석이 잇달아 발견되었기 때문에 지층이 형성될 당시의 상황에 대해서도 잘 알려져 있다. 그럼 1억 5000만 년이라는 시간을 거슬러 올라가 당시 모리슨층이 어떤 상태였는지 살펴보기로 하자.

쥐라기 후기의 모리슨층 지역은 야트막한 충적 평야이다. 기온은 여름처럼 높고 먼 북쪽에는 얕고 따뜻한 선댄스해, 서쪽에서 서남쪽으로는 뾰족한 봉우리가 줄줄이 이어진 로키 산맥, 동쪽에는 훗날 애팔래치아 산맥이 되는 여러 산들이 있다. 습도가 높은 기후 때문에 산지에 비가 내리면 광물질이 부식되고 노출된 암석들이 무너진다. 무너져 내린 암석의 부스러기들은 산속에 흐르는 물에 씻겨 천천히 작아지면서 하류로 실려 내려온다. 평지에 이르러 물의 흐름이 점점 느려지면서 퇴적이 시작되면 돌 부스러기들은 바닥으로 가라앉는다. 건기에는 평야가 말라붙지만 강수량이 많은 우기에는 하천 수면이 주변의 평지보다 높아지는데, 이때 하천 양쪽 기슭의 둑(충적 제방) 때문에 가까스로 물이 넘치지 않는다. 그러나 홍수가 일어나면 하천의 물이 둑 위로 넘치거나 둑을 무너뜨려 평야로 퍼져 나가고, 이 과정에서 하천 바닥의 퇴적물을 평야에 쏟아 붓는다. 홍수 때문에 소용돌이치며 흐르는 강물에는 돌 부스러기가 가득 섞여 있다. 물이 잠잠해지면 이 부스러기들이 곧장 지면으로 가라앉는다. 강이 범람하여 둑을 넘으면 유속이 느려지고, 퇴적물은 대부분 둑 위에 쌓인다. 그 결과 둑은 갈수록 높이가 높아져서 건기에 물을 수로 안에 가두어 놓는 역할을 한다. 머지않아 미국의 뉴멕시코 주에서 캐나다의 서스캐처원 주와 앨버타 주까지 뻗어 나갈 모리슨층을 형성하는 지역의 풍경 속에는 이처럼 천천히 흐르는 구불구불한 강과 몇몇 거대한 호수가 거의 1년 내내 특징처럼 자리 잡고 있다.

기후는 주기적으로 변한다. 건기와 우기가 번갈아 찾아오는 것이다. 식물은 이러한 기후 변화에 적응하여 진화해 왔다. 이 시기의 식물들은 대개 하천 둑을 따라 숲을 이루지만, 하천이 호수를 거쳐 선댄스해에 이르는 과정에서 생긴 삼각주에도 무성하게 자라고 있다. 하천 부근이 아니더라도 지하수가 지표면 가까이 흐르는 곳에는 수풀이나 덩굴이 자라나 황량하게 말라붙은 풍경 속에서 녹색 오아시스를 형성하고 있다. 당신은 이러한 지식을 토대로 이주할 곳을 신중하게 골라야 한다.

하지만 그 전에 어떻게 해야 이곳에 갈 수 있는지부터 알아 두어야 한다.

경로 1. 도쿄를 출발하여 모리슨 평야로

쥐라기 후기의 동아시아에는 일본 열도가 아직 존재하지 않는다. 오늘날 일본이 있는 자리가 쥐라기 후기에는 아시아 대륙 동쪽 끄트머리에 늘어선 산맥의 일부이다. 이 시기에 지구의 표층 플레이트는 쉬지 않고 계속 이동한다. 바다 건너편에서부터 플레이트에 밀려온 여러 섬과 해저 산맥이 아시아 대륙 동쪽 끝에 이르러 이곳의 얕은 수역에 단단히 다져지고, 그 결과 주름투성이의 구불구불한 산맥이 만들어진 것이다. 쥐라기의 시점에서 볼 때 2억 년 전, 남쪽에 있는 곤드와나 대륙의 북쪽 끄트머리가 대륙으로부터 떨어져 나왔다. 그중 일부가 바다를 건너 아시아 대륙 가장자리에 달라붙었다. 지질학자들은 그중에서 유난히 큰 덩어리에 구로세가와 구조대構造帶라는 이름을 붙였다. 주위와 성질이 다른 암석으로 이루어진 이 덩어리는 현대의 일본 열도 가운데 규슈와 시코쿠, 혼슈 남부에 걸쳐 길게 이어져 있으며, 원래는 현대의 오스트레일리아 자리로부터 이동해 온 것으로서 우리가 찾아간 쥐라기에는 오스트레일리아 대륙 본토와 이어진 상태이다. 밀어붙인다거나 충돌한다는 표현이 극적으로 느껴질지도 모르지만, 실제 지각 변동은 극히 느린 속도로 진행되었기 때문에 현장에 서 있다 하더라도 체감할 수는 없을 것이다. 또한 지진이나 화산 활동도 활발하지만 이는 현대에도 마찬가지이므로 지각 변동이 오늘날보다 더 격렬하다고 할 수는 없다.

자, 이런 상황에서 지구 반대편에 있는 모리슨층 형성기의 평야로 떠나려면 어떻게 해야 할까?

오늘날 같으면 동아시아 끝자락에서 북아메리카 대륙으로 갈 때 태평양을 건너 동쪽으로 향해야 한다. 우선 모리슨층 한복판에 위치한 콜로라도 주 덴버를 목적지로 정하자. 오늘날 도쿄에서 덴버까지는 약 9,340킬로미터 거리이다. 항공기의 최단 경로인 대권 항로를 택한다고 해도 먼저 동북쪽으로 출발하여 알류샨 열도에 도착한 다음 이곳에서 동쪽으로 돌아 알래스카를 지나고, 다시 동남쪽으로 방향을 틀어 캐나다 로키 산맥을 넘어야 비로소 미국 중서부에 들어설 수 있다.

그러므로 시간을 뛰어넘은 모험가라면 몇 달이 아니라 몇 년 정도는 계속 여행할 각오를 하고 북쪽으로 길을 나서야 한다. 일단 동아시아 대륙 동쪽 끝을 따라 나아간다. 바닷길과 뭍길, 어느 쪽을 고를지는 마음 내키는 대로 하라. 바닷길을 택할 경우에는 적도 부근에서 북쪽으로 흐르는 해류가 도움이 될지도 모른다. 바다로 가든 육지로 가든 틀림없이 숨 막히게 아름다운 경치가 펼쳐질 것이다. 대륙 끄트머리에 근접한 땅덩어리는 구로세가와 구조대뿐만이 아니다. 늘어선 섬 모양을 한 것도 있고, 이미 대륙에 도달하여 충적 평야나 반도를 만든 것도 있으며, 개중에는 서로 꼭 달라붙어 바닷가에 습곡 산맥을 만든 것도 있다. 이 부근은 해구가 있기 때문에 바다의 수심이 깊다.

바닷길을 따라가다 보면 동쪽으로 나중에 중국이 되는 육지가 펼쳐지기 때문에 도중에 뭍길을 거쳐야 한다. 지구 자장은 오늘날

過 마찬가지이므로 방향을 찾기는 어렵지 않을 것이다. 단, 나침반의 엔^{N}극이 오늘날과 반대로 남극을 가리키는 경우가 생길 수도 있다. 그러나 한 번 알아차리고 나면 혼란을 겪을 일은 없을 것이다. 하늘에는 달도 걸려 있다. 쥐라기에는 달의 위치가 지구에 더 가깝기 때문에 좀 더 크게 보일 테지만, 그 외 별다른 점은 눈에 띄지 않을 것이다. 다른 점이 있다면 오늘날 달의 남반구에 특징처럼 자리 잡은 티코 크레이터가 쥐라기의 달에는 없다는 것이다. 이 크레이터가 생기려면 아직 4000만 년을 더 기다려야 한다.

온화한 기후 덕분에 대륙 이곳저곳에 은행나무와 침엽수, 양치류, 소철류 같은 식물이 자란다. 물이 풍부한 골짜기에는 식물이 더욱 우거져 있다. 북쪽으로 더 올라가면 바닷가의 산악 지대를 벗어나 고대 대륙의 내륙부에 도착한다. 아시아 대륙의 이 부근에는 분지와 평야가 많은데 대개는 내부에 배수 분지를 갖추고 있다. 그러다 보니 하천이 바다로 흘러 나가지 않고 내륙의 호수로 향하는 경우가 많다.

뭐, 사나운 육식 공룡이 이쪽으로 온다고?!

이 부근에도 공룡이 있다. 얼핏 보면 모리슨 평야에서 마주치는 동물군과 똑같다고 생각할 수도 있다. 하지만 걸음을 잠시 멈추고 짬을 낸다면, 또 용기 있게 바로 옆까지 다가가 관찰할 수만 있다면 다른 점들이 이모저모 눈에 띌 것이다. 용각류, 즉 목이 길고 덩치가 큰 초식 공룡은 잔뜩 있다. 그 가운데 주류를 이루는 것은 마면치사우루스^{Mamenchisaurus}이다. 마먼치사우루스는 오늘날 우리가 아는 공룡 중에서 목이 가장 긴 종으로서 목 길이가 자그마치 9.5미터나 된다. 이 기다란 목으로 땅바닥을 쓸 듯이 훑고 돌아다니며 키 작은 식물을 마구 집어삼키는 것이다. 이곳에는 퉈장고사우루스^{Tuojiangosaurus}, 충칭고사우루스^{Chunkingosaurus}, 자링고사우루스^{Chialingosaurus} 등 스테고사우루스 속^屬에 들어가는 공룡도 몇 종 살고 있는데 등의 골판과 꼬리의 창이 저마다 다른 모양으로 늘어서 있다. 이 공룡들은 진짜 스테고사우루스와 비교하면 등판이 좁고 덩치도 북아메리카에 사는 동족들보다 꽤 작다. 그러나 진기한 풍경에 눈길을 빼앗겨 오래 머무르는 짓은 피하는 것이 좋다. 알로사우루스 과^科의 양촨노사우루스^{Yangchuanosaurus}나 쓰촨노사우루스^{Szechuanosaurus} 같은 사나운 육식 공룡이 작은 공룡을 쫓아 이쪽으로 올 가능성이 높기 때문이다. 이 부근에 사는 동물과 모리슨 평야에서 마주치는 동물이 서로 다른 이유는 두 지역이 따로 떨어진 채 수백만 년이 흘렀기 때문이다.

훗날 중국 영토가 될 육지는 어느새 사라지고 새로 생긴 바다가 눈앞에 가득 펼쳐진다. 다시 바닷길로 돌아가야 할 때가 왔다. 지리상의 북쪽을 향하여 이 바다를 건너자. 점점이 이어지는 화산섬을 지나면 시베리아 대륙이 눈앞에 펼쳐진다. 시베리아라고 하면 북극과 혹한의 땅이 머릿속에 떠오르는 사람도 있겠으나 이는 현대인의 오해에 지나지 않는다. 시베리아 대륙은 분명 북극권에 있지만, 쥐라기에는 지구 전역과 마찬가지로 기후가 온화한 곳이었다. 북극을 둘러싸고 펼쳐진 바다에 도착하면 얼음이 전혀 안 보인다는 사실을 깨닫게 될 것이다.

다. 북극을 둘러싸고 펼쳐진 바다에 도착하면 얼음이 전혀 안 보인다는 사실을 깨닫게 될 것이다.

여행을 계속하다 보면 기후는 더욱 따뜻해진다. 이제 드넓은 대륙붕을 건너가자. 이 대륙붕은 현대의 캐나다와 북아메리카 대륙 북부 전체에 해당한다.

마침내 현대로 치면 (캐나다 서부의) 앨버타 주 부근에 있는 바닷가에 도착했다. 삼각주의 숲이 시간을 거슬러 찾아온 모험가들을 따뜻하게 맞아 준다. 모리슨 평야로부터 북쪽으로 흐르는 몇 줄기 하천은 이곳에서 바다로 흘러든다. 어느 하천이든 한 곳을 골라 배를 타고 거슬러 올라가다 보면 당신의 목적지가 나올 것이다.

경로 2. 런던을 출발하여 모리슨 평야로

시간을 거슬러 쥐라기에 도착한 당신은 지금 런던에 서 있다. 바닷가의 따뜻한 모래에 발이 푹 잠긴다. 파도가 잔잔하게 밀려왔다 밀려가고, 바닷물과 해초 냄새가 코를 찌른다. 아득히 높은 하늘에 날아다니는 생물은 귀에 선 울음소리로 당신의 오감을 가득 채운다. 수평선으로 눈을 돌리면 열대의 파란 바다가 한가득 펼쳐져 있다. 발치에는 밀물 때 쓸려 온 해초가 기다랗게 널려 있고, 군데군데 조개도 달라붙어 있다. 그나저나 조개가 참 예쁘게 생겼다. 아니, 이것은 조개가 아니라 암모나이트이다. 소용돌이처럼 둥글게 생긴 껍데기는 앵무조개와 비슷하지만 앵무조개보다 납작하고 두께도 더 얇다. 갖가지 종류가 저마다 독특한 모양을 하고 있고 색깔도 화사해서 얼른 눈에 익지 않는다. 쥐라기에 형성된 암석에 남아 있는 암모나이트 화석은 오늘날에도 흔히 볼 수 있기 때문에 어쩌면 형태만은 금세 알아볼 수도 있을 것이다. 하지만 색과 모양은 화석으로 남은 전례가 없으므로 분명히 새로운 느낌으로 다가올 것이다. 오래되어 하얗게 색이 바랜 커다란 껍데기 한 개가 바닷가 저편의 모래 속에서 머리를 내밀고 있다. 현대의 열대 지역 바닷가에서 흔히 보이는 소라 껍데기 같다. 모래 위로 나와 있는 부분은 아주 조그맣지만, 둥글게 구부러진 껍데기 전체를 상상하면 자동차 타이어만 한 크기임을 알 수 있다. 아마도 암모나이트 중에서는 가장 커다란 놈일 것이다. 이 시기의 이 바다에는 이런 괴물들이 실제로 살고 있었다.

뒤쪽에 우거진 숲의 가장자리에는 커다란 나무고사리가 모래땅에 잎을 늘어뜨리고 있다. 그 모습을 보노라면 현대의 열대 지역 바닷가에 늘어선 야자나무가 떠오른다. 햇빛이 반짝이는 모래톱 저 멀리, 커다란 동물 한 마리가 숲에서 나오더니 밀물이 남기고 간 해초를 뒤적거린다. 새하얀 모래 때문에 눈이 부신 데다 거리까지 멀어서 흐릿한 윤곽밖에 보이지 않는다. 시커먼 모습이 마치 현상하다가 망친 사진 같다. 그래도 공룡이라는 것 정도는 알아볼 수 있다. 게다가 육식 공룡이다. 뒷다리 두 짝으로 서서, 허리로 몸의 균형을 잡고 있다. 기다란 꼬리는 꿈쩍도 하지 않은 채 뒤쪽으로 쭉 뻗어 있다. 콧등과 앞발의 발톱을 해초 더미에 푹 파묻은 꼴로 보아 물고기나 바다 파충류의 주검을 찾는 중인 듯싶다. 아무래도 조심하는 게 좋겠다.

이것이 바로 쥐라기 후기의 런던 풍경이다.

유럽 전체가 얕은 바다에 잠긴 탓에 당신이 지금 서 있는 곳과 똑같은 평평한 섬들이 기다란 사슬처럼 죽 늘어서 있다. 지금 있는 이 섬은 그중에서도 큰 축에 들어간다. 오늘날로 치면 쿠바 정도 크기는 될 법하지만 오늘날의 섬과 달리 중앙부에 산지가 형성되어 있지는 않다. 현대 지질학자들은 이 시기에 바다 밑바닥을 형성하고 있던 퇴적암이 이 부근에는 존재하지 않는 점, 또 해양성 퇴적물이 섬의 양쪽 끝에서 화석이 된 점을 근거로 당시 이 지역의 위치가 해수면보다 높았다고 추측한다. 이곳 일대를 가리켜 지질학 용어로는 '런던 플랫폼'이라고 한다. 또한 섬의 서쪽 끝에는 오늘날 웨일스의 산지를 형성하는 암석이 있고 섬의 동쪽 끝은 벨기에와 네덜란드의 브라반트 지역에 해당하는 점을 근거로 '웨일스·브라반트 지괴'라고 부르기도 한다.

당신 눈앞의 바다는 북반구 대륙 로라시아의 대륙붕 위에 펼쳐져 있다. 얕은 대륙붕에는 진흙과 석회질 퇴적물이 조용히 쌓이는 중이다. 깊이 파묻힌 퇴적물들은 머잖아 단단히 굳어서 석회암이나 셰일이 된다. 이러한 퇴적물로 구성된 쥐라기의 암석은 현대 유럽의 지질을 연구하는 데에 매우 중요한 자료이다. 이 지역의 대륙붕은 남쪽 수평선 너머 적어도 수백 킬로미터까지 이어지다가 뚝 끊기듯이 낮아져서 먼바다의 깊은 밑바닥으로 연결된다.

얕고 깨끗한 바다, 그 속에 돌아다니는 생물들은?

여기서부터 모리슨 평야까지는 바닷길로 가야 한다. 그러므로 뱃머리를 남쪽으로 돌려 항해를 시작하자.

　앞서 말한 바와 같이 이 부근의 바다는 수심이 얕다. 바닷물은 맑고 깨끗해서 처음 몇 킬로미터를 가는 동안에는 바다 밑바닥이 또렷이 보인다. 일렁이는 파도를 따라 모래 바닥에 물결 자국이 그려지고, 잔잔한 물을 통과했다가 다시 튕겨 나온 햇빛이 수면에 아롱다롱 무늬를 퍼뜨린다. 조그마한 물고기가 보인다. 암모나이트 무리도 눈에 띈다. 연체동물인 암모나이트는 소용돌이처럼 생긴 껍데기 속에 공기를 채워 둔다. 이 공기 덕분에 부력이 생겨서 커다란 눈을 빤히 뜬 채 촉수를 물의 흐름에 따라 나풀거리며 물결에 휩쓸려 둥둥 떠다닐 수 있는 것이다. 이때 커다란 물고기가 나타나자 암모나이트 무리가 깜짝 놀라 한꺼번에 달아나기 시작한다. 녀석들은 촉수를 하나로 모아 몸을 유선형으로 만든 다음, 대가리 아래에 달린 깔때기 모양의 출수관으로 물을 뿜으며 짙은 초록빛 바다 저편으로 사라져 간다.

　잠깐, 물고기에 놀랐다고? 아니, 물고기 같지는 않다. 물방울 모양의 몸통이나 등지느러미, 꼬리지느러미 등을 보면 물고기와 닮기는 했지만, 저 생물은 파충류인 익티오사우루스 Ichthyosaurus, 어룡이다. 이 얕은 바다에는 익티오사우루스가 잔뜩 살고 있다. 이 공룡은 자신이 살아가는 환경에 완벽히 적응한 생물이라고 할 수 있다. 몸통은 물속에서 움직이기 쉽도록 유선형으로 진화했고, 꼬리는 물고기와 비슷해서 힘차게 휘저으면 몸이 앞으로 나아간다. 발네 짝은 거북이처럼 노 모양의 발로 진화했고, 등에는 상어처럼 생긴 지느러미가 달렸기 때문에 물속에서 안정적으로 움직일 수 있다. 기다란 주둥이에는 날카로운 이빨이 나 있어서 물고기나 작은 암모나이트를 씹어 으깨기에 안성맞춤이다. 익티오사우루스의 크기는 오늘날로 치면 연어만 한 놈부터 바다표범처럼 커다란 놈까지 다양하다. 쥐라기에 앞서 나타난 트라이아스기에는 고래만큼 자란 종류도 있었지만 쥐라기 후기인 지금은 그렇게 큰 놈은 보이지 않는다. 아까 암모나이트 무리를 놀라게 했던 익티오사우루스는 잔잔한 물결에 반사된 햇빛의 알록달록한 무늬 속에 스르륵 모습을 감춘다.

한참을 나아가다 보면 수심이 깊어져서 이제 뱃전에서는 바다 밑바닥이 보이지 않는다. 이 부근의 바다에는 암모나이트나 익티오사우루스 말고도 상상조차 하기 싫은 생물들이 이것저것 살고 있다. 그래도 용기를 내서 잠수해 보면 모래 알갱이가 아주 자잘하고, 또 바다 밑바닥의 퇴적물 역시 검고 고운 진흙으로 되어 있음을 알 수 있을 것이다. 이 진흙이 압축되어 만들어진 지층은 먼 훗날 영국 남부의 바닷가에서 발견되어 그곳 마을의 이름을 따 킴머리지 점토층으로 불리게 된다. 킴머리지 점토층은 결이 고운 셰일과 석회암, 점토층 등이 500~600미터 두께로 번갈아 겹쳐진 지층이다. 19세기 지질학자들은 잉글랜드 해안의 킴머리지 만에서 처음으로 이 지층을 조사한 이후 당신이 지금 가 있는 시대에 킴머

리지기^期라는 이름을 붙이기도 했다. 킴머리지기는 쥐라기 후기의
약 600만 년을 가리킨다. (단, 최신 연구에 따르면 점토층이 형성되는
데에는 약 850만 년이 걸린다고 추측된다.) 이 시기에 살았던 동물의
화석이 발견되는 지역에 공통적으로 분포하는 암석을 킴머리지계
^系라고 하는데 여기에 포함된 화석들이 킴머리지 동물 계통을 대표
한다. 킴머리지라는 이름은 와인에도 붙어 있다. 프랑스의 지표면
에 노출된 킴머리지계 암석층에서 포도를 재배하여 만든 와인이다.
그러므로 만약 당신이 끝끝내 잠수를 했다면, 지금쯤 깊이가 100
미터도 안 되는 얕은 바다 밑바닥에 서서 머잖아 유명한 킴머리지
점토층이 될 진흙이 조용히 쌓이는 광경을 지켜보는 중일 것이다.
그러나 다이빙을 즐길 여유는 없다. 여행을 서두르지 않고 게으름
을 피웠다가는……

바다의 사냥꾼, 플레시오사우루스와 바다 악어

이 부근의 해안에는 익티오사우루스 말고 다른 바다 파충류도 살
고 있지만, 머릿수로 따지면 익티오사우루스가 가장 많다. 이 공
룡은 돌고래처럼 수면 위로 높이 날아오를 수 있으나 잘 보면 돌
고래하고는 다르다. 돌고래처럼 우아한 곡선을 그리는 대신 황새
치나 풀잉어처럼 똑바로 날아오른다. 그 이유는 체형을 보면 알 수
있다. 돌고래는 꼬리지느러미가 수평이기 때문에 몸을 활 모양으
로 구부렸다 펴면서 꼬리지느러미를 위아래로 흔들어 헤엄을 친

다. 반면에 익티오사우루스는 꼬리지느러미가 수직이기 때문에 물고기와 마찬가지로 꼬리지느러미를 좌우로 흔들며 헤엄친다.

헤엄치는 파충류 가운데 유명한 공룡이 또 한 가지 있으니, 바로 플레시오사우루스Plesiosaurus이다. 이 공룡은 목이 기다랗고 몸통은 거북이처럼 편평한 데다 머리까지 작기 때문에 수영 실력이 대단하다. 그런데 수면을 아무리 둘러봐도 그 모습이 보이질 않는다. 색깔은 시커멓지만 자태만큼은 백조를 닮은 기다란 목이 수평선 저 먼 곳에 불쑥 솟은 광경을 어느 책의 삽화에서 본 듯한데…… 실망이군. 이렇게 생각한 순간, 비슷한 형체가 눈에 들어온다. 당신이 탄 배 바로 옆, 수면 바로 아래에서 헤엄치고 있다. 뒤집어 놓은 보트처럼 크고 널따란 등이 수면 위로 올라올 때마다 물결이 퍼져 나간다. 그런데 기다란 목은 어디 있는 걸까. 보아하니 목은 물속에 푹 잠겨 몸통 아래쪽에서 헤엄치는 물고기들을 덥석덥석 삼키는 듯싶다. 플레시오사우루스는 오래전부터 목을 하늘 높이 치켜든 모습으로 그려져 왔지만 이는 착각이다. 목은 이따금씩 숨을 들이쉴 때에만 수면 위로 나온다.

그래도 마음을 놓기에는 아직 이르다. 이 부근에는 체급이 가장 높은 바다 사냥꾼, 바로 플리오사우루스Pliosaurus가 살고 있기 때문이다. 플리오사우루스는 플레시오사우루스와 친척 관계이지만 목이 짧고 주둥이가 길며, 이빨도 우악스럽다. 게다가 몸집이 향유고래만큼 커다란 놈도 있다. 다행히 이 정도로 크고 사나운 동물은 수가 적기 때문에 이번 여행에서 다 자란 플리오사우루스와 조우할 일은 아마도 없을 듯싶다.

이렇게 생각하는 찰나, 바닷속에 화살 한 대가 날아간다. 물고기일까? 혹시 갯장어? 아니, 저것은 악어이다. 바다 악어. 쥐라기에는 바다에 사는 먹잇감을 사냥하는 데 적응한 악어가 몇 종류 있다. 그중 텔레오사우루스Teleosaurus는 물고기를 먹이로 삼는 오늘날의 인도 악어(인도 가비알)와 꼭 닮았는데 다만 주둥이가 더 길고 몸이 유선형이다. 또 지금 뱃전에서 보이는 게오사우루스 Geosaurus는 익티오사우루스만큼이나 수중 생활에 잘 적응하여 지느러미 모양의 발과 부드러운 피부, 상어를 닮은 꼬리지느러미 등을 갖추고 있다.

이러한 바다 악어들 가운데 대부분은 여전히 육지와 연이 닿아 있어서 낮잠을 잘 목적으로, 또 해마다 한 번씩은 알을 낳을 목적으로 모래톱에 올라가곤 한다. 그러나 익티오사우루스는 그런 짓을 하지 않아도 된다. 진화를 거듭한 결과 알을 몸속에 품고 있다가 새끼를 낳는 능력이 생겼기 때문에 뭍에 가까이 갈 필요가 없는 것이다. 어쨌거나 배가 앞으로 나아갈수록 커다란 생물을 볼 기회는 점점 줄어들고, 잠시 후면 섬들도 등 뒤의 수평선 너머로 사라져 간다. 이제 곧 유럽 이곳저곳에서 온 모험가 친구들을 만날 수 있을지도 모른다.

경로 3. 뮌헨을 출발하여 모리슨 평야로

런던에서 길을 떠날 때와 마찬가지로 독일 남부에서 출발하는 여행도 섬의 모래톱에서부터 시작된다. 이곳은 널따란 대륙붕 위에 여기저기 흩어진 섬들 중 한 곳이다. 이 섬은 런던 플랫폼보다 남쪽에 자리 잡고 있다. 아주 먼 남쪽이라고 할 수는 없지만 그래도 기후가 달라질 만큼은 멀기 때문에, 주변 경관도 울창한 숲이 아니라 건조한 지역이라는 인상이 더 강하다. 이파리를 축 늘어뜨린 식물들은 잔잔한 파도가 고운 퇴적물을 쌓아 놓는 바닷가까지 빽빽하게 자라 있다.

주위의 수면은 잔잔함 그 자체이다. 남쪽에서 따뜻한 바람이 불어오는데도 잔물결조차 거의 일지 않는다. 바람이 불어오는 방향에는 틀림없이 넓은 육지가 있을 것이다. 이 바싹 마른 섬에는 있을 턱이 없는 침엽수의 뾰족한 잎과 그 밖의 식물에서 떨어진 잎사귀들이 잔잔한 수면에 떠내려오기 때문이다. 바닷가에 밀려오는 파도가 몹시도 잔잔한 것을 보면 이곳은 주위가 막힌 석호이며, 따라서 먼바다하고는 제한적으로만 이어져 있을 것이다.

당신은 고요한 바다에 수월하게 배를 띄운 다음, 런던에서 오는 동료 모험가를 만나기 위해 서쪽으로 향한다.

바람은 일정하게 불지 않고 이따금씩 멈춰 버리기도 한다. 대기가 축축한 공기를 머금고 무거워진다. 바다에는 조그마한 파도조차 일렁이지 않는다. 물이 맑아서 수면 가까이 있는 물고기 떼가 보인다. 깊은 곳은 어두침침해서 마치 고여 있는 것 같다. 별의 파편처럼 수많은 생물들이 깊은 물속에 떠 있다. 얼굴에 묻은 물보라를 핥아 보면…… 우왓, 뭐가 이렇게 짜!

하늘을 나는 길동무들, 프테로사우루스와 시조새

짠맛에 놀라는 순간, 뭔가 움직이는 기척이 당신의 눈을 잡아끈다. 거울 같은 수면에 닿을 듯 말 듯하게 웬 시커먼 것이 날고 있다. 어찌나 낮게 나는지 수면에 비친 모습과 한 덩어리가 되어 형체를 알아보기가 힘들다. 그 날짐승은 예상 외로 기다란 부리를 물에 쑥 집어넣고 잔고기를 낚아채더니, 마치 기름을 바른 듯 매끈한 수면에 물결을 일으키고 휙 날아가 버린다. 바로 프테로사우루스 Pterosaurus, 익룡이다. 사냥감을 붙잡으면 수면을 떠나 하늘로 날아오르기 때문에, 털이 자라 있는 조그마한 몸통과 판자처럼 넓은 날개가 똑똑히 보인다. 뒤에서 쏟아지는 햇빛 때문에 날개 속이 훤히 비쳐 보인다. 날개폭은 널찍한데 꼬리가 안 달려 있다. 프테로사우루스 중에서도 더욱 진화한 프테로닥틸루스 Pterodactylus, 익수룡아목의 일종이다. 이 부근에서는 프테로닥틸루스뿐 아니라 더 원시적인 익룡, 즉 날개가 가늘고 꼬리가 기다란 람포링쿠스 Rhamphorhynchus, 취구룡아목도 눈에 띌 것이다. 쥐라기 후기에는 두 종류 모두 사방에 잔뜩 살고 있기 때문이다.

조금 전까지 머물던 평평한 섬은 수평선 아래로 가라앉아 이제 보이지 않는다. 대신 다른 섬들이 하나둘 눈에 들어오지만 위치로 보나 거리로 보나 배를 대기가 영 불편하다. 날이 더운 탓인지, 번쩍이는 수평선에 비친 신기루들 같기도 하다. 어떤 섬에는 거울에 비친 당신 모습이 서 있다. 모든 섬이 하나같이 수면보다 더 높이 떠 있는 것처럼 보인다.

저 멀리 뭐가 또 날아온다. 이번에는 정말이지 간이 철렁할 지경이다. 깃털이 달린 날개를 펄럭이며 나는 모습으로 보아 틀림없이 새이다. 아득히 먼 땅덩어리에서 갑자기 분 바람을 타고 날아온 새, 지쳐서 간신히 나는 중일 것이다. 깃털이 돋은 꼬리는 길고 실팍한데 머리는 도마뱀을 닮았다. 그런데 날개는 아무리 봐도 새 같고 몸은 털로 뒤덮여 있다. 아무래도 영 안 어울리는 조합이다. 날갯짓하는 속도가 너무 빨라서 잘 안 보이기는 하지만, 날개 앞쪽 가장자리에는 분명히 발가락이 달려 있다. 어느 모로 보나 저 것은 아르카이옵테릭스^{Archaeopteryx}, 바로 시조새이다.

이것은 놀라운 발견이다. 시조새는 킴머리지계보다 더 늦게 형성된 티턴계 지층 형성기에 처음 등장했으리라고 추정되기 때문이다. 지금으로부터 3000만 년 동안은 출현할 리가 없다. 하지만 최신 연구에 따르면 시조새의 화석이 발견된 퇴적층은 지금까지 추정했던 것보다 훨씬 오래되었다고 한다.

이로써 지금 당신이 있는 곳이 어딘지 확실하게 밝혀졌다. 바로 독일 남부에 있는 솔른호펜 석판 석회암층의 석호이다.

당신이 탄 배 아래에는 얕은 바다에 잠긴 로라시아 대륙의 남쪽 끄트머리가 있다. 이 땅은 몇 개의 단층 블록으로 나뉘어 서로 점점 멀어지는 중이다. 이 일대는 대륙붕의 높이가 점점 낮아지는 동시에 해저 지층의 활동 때문에 바다 밑바닥이 서서히 높아지는 중이다. 이 대륙붕 위에는 커다란 해면초가 있는데 바닥까지 깊이가 무려 150미터나 된다. 실로 거대한 해면초인 것이다. 오늘날 남아 있는 부분은 에스파냐에서 루마니아까지 퍼져 있다. 길이는 무려 2900킬로미터, 넓이는 오스트레일리아의 그레이트배리어리프의 절반이나 된다. 암초를 형성한 해면은 우리가 몸을 씻을 때 사용하는 스펀지와 달리 부드럽지 않다. 불규칙한 탄산칼슘 결정으로 된 단단한 골격을 갖고 있기 때문이다. 이 해면초는 심해 생식에 이미 적응했기 때문에 수면 근처에서는 살지 못한다. 따라서 지각 변동으로 바다 밑바닥이 상승하면 죽고 만다. 수많은 골격이 하나로 뭉쳐 굳으면 또 다른 해면이 그 골격을 토대로 새로운 암초를 만든다. 대표적인 것이 육방산호(촉수가 6의 배수인 산호)류에 속하는 산호인데 오늘날에는 더 이상 존재하지 않는다. 산호로 이루어진 산호초는 해수면 가까이에서도 살 수 있을 뿐 아니라 바닷가를 따라 기다란 고리 모양의 보초^{堡礁}를 형성하여 바다와 격리된 얕고 잔잔한 초호^{礁湖}를 만들기도 한다. 지금 당신이 있는 곳도 바로 그런 초호 가운데 한 곳이다. 당신이 앞서 들렀던 건조한 섬은 이러한 과정을 거쳐 만들어졌다. 대기에 노출되어 숨을 거둔 해면초와 산호초가 오랫동안 바다 위에 노출된 채 침식당하면 표면에 흙이 생기고, 거기에 조그마한 식물이 뿌리를 내린다. 북쪽 섬들 중에는 이미 초식 공룡 무리를 먹여 살릴 만큼 토양이 자리를 잡은 곳도 있다. 거기서 살아가는 공룡들 중 하나가 바로 에우로파사우루스 Europasaurus이다. 에우로파사우루스는 목이 긴 초식 공룡의 일종이지만, 섬에 사는 종의 덩치는 커다란 양 크기밖에 안 된다. 이러한 소형화 현상은 매우 흔히 나타난다. 섬에 사는 동물들은 제한된 식량을 최대한 활용하기 위해 덩치를 줄이는 방향으로 진화하는 경우가 잦기 때문이다. 이런 설명을 들으면 슬슬 흥미가 생길 테지만, 환경에 적응하여 분화한 공룡을 관찰하느라 섬을 탐험할 시간은 없다. 지금은 신대륙으로 이주하기 위해 서쪽으로 향해야 하기 때문이다.

서쪽으로 눈을 돌리면 파도가 일으킨 거품이 하얀 선을 그리고 있다. 수면 바로 아래에 보초가 있기 때문이다. 당신이 탄 배는 잔잔한 초호를 뒤로 하고 바깥 바다로 나가는 중이다. 산호초가 수면에 가깝다 보니 파도에 부서진 산호 조각이 쉬지 않고 튕겨 나온다. 바람 때문에 파도가 높아지면 조그만 파편들이 보초를 넘어 초호에 흘러들고, 천천히 물 바닥에 가라앉는다. 이렇게 조그마한 석회질 퇴적물이 쌓이고 굳어서 형성된 것이 바로 독일 남부의 석판 석회암층이다. 초호 안의 잔잔한 바닷물은 무더운 기후 속에서 계속 증발하기 때문에 염분 농도가 갈수록 높아진다. 그 결과 초호 바닥의 조금 위쪽에는 아무것도 살 수 없는 짠물이 층을 형성한다. 어떤 생물이든 이 위험 지대에 헤엄쳐 들어가거나 기어 들어갔다가는 목숨을 잃고 퇴적물에 파묻힌다. 여기에는 근육 조직을 분해하는 박테리아도 살지 않기 때문에 주검이 숨을 거둘 때의 상태 그대로 보존된다. 초호 위를 날아다니는 동물에게도 같은 운명이 기다리고 있다. 예컨대 아까 본 프테로사우루스나 시조새가 둥우리를 떠나 멀리까지 왔다가 기운이 다 빠졌다고 가정해 보자. 이 생물들이 죽어서 초호에 가라앉으면 나중에 완벽한 화석이 된다. 이것이야말로 솔른호펜 석회암층이 화석으로 유명해진 까닭이다.

자, 산호초의 끊어진 틈으로 뱃머리를 돌리자. 초호 바깥에는

45

파도가 치는 평범한 바다가 기다리고 있다. 이제 죽음의 초호에, 또 그 밑바닥에서 기다리는 화석 묘지에 작별을 고할 시간이다.

이제 막 생겨난 대서양을 건너 남쪽으로

서쪽으로 나아가던 당신은 런던에서 온 동료와 합류하여 함께 얕은 바다를 건넌다. 여행은 아직 갈 길이 멀다.

다음으로 눈에 들어오는 육지는 로라시아 대륙의 한 부분으로서, 먼 훗날 에스파냐 일부와 포르투갈이 되는 땅이다. 이 땅은 상당히 넓기 때문에 꽤 멀리서도 눈에 띈다. 처음에는 남쪽 수평선에 걸린 구름처럼 보이지만 조금 있으면 산이나 언덕을 분간할 수 있다. 오늘날 인도양에 떠 있는 스리랑카나 마다가스카르 섬과 엇비슷한 넓이로 보인다. 고대 대륙의 화강암으로 형성된 둥그렇고 높다란 산을 해안의 저지대가 둘러싸고 있다.

잠시만, 아주 잠깐만 짬을 내어 상륙해 보자. 이 정도로 커다란 육지에는 수량이 꽤 풍부한 하천이 있을 법도 하거니와, 항해를 계속하려면 어차피 물을 보급해야 하기 때문이다. 일단 뭍에 올라 보급을 다 마치면 배를 타고 해안을 따라 나아가며 잠시 내륙의 모습을 살펴보자. 숲과 폭이 넓은 강어귀가 몇 군데 눈에 들어올 것이다. 이 부근은 나중에 포르투갈의 로리냐 해안이 된다. 쥐라기의 공룡 서식지로 유명한 지역이다. 고생물학자들은 훗날 이 부근에서 육식 공룡의 둥우리와 초식 공룡 무리가 강가의 진흙땅을 가로지르며 남긴 발자국을 발견한다.

바닷가 끄트머리에서 뭔가 움직이는 모습이 얼핏 눈에 띈다. 커다랗다. 덩치가 큰 네발 공룡이다. 등에는 큼지막한 골판이 줄줄이 붙어 있다. 스테고사우루스속의 일종일까. 아니, 진짜 스테고사우루스일지도 모른다. 모리슨 평야에 도착하면 보게 될 스테고사우루스와 꼭 닮았다. 그렇다 보니 이 포르투갈의 섬과 북아메리카 대륙 사이가 그리 멀지 않았던 과거에 두 지역 간에 틀림없이 어떤 교류가 있었으리라고 믿고 싶어진다. 사실 당신 발밑의 대륙붕은 아득히 먼 서쪽에서 북아메리카 대륙의 대륙붕과 이어진다. 게다가 이 부근에서는 대서양이 아직 출현하지 않았다.

그러나 더 남쪽으로 내려가면 바다가 형성되는 중이다. 당신이 따라갈 여행 경로 또한 그쪽이다. 대륙과 섬들을 뒤로 하고 먼바다로 배를 저어 가자. 수면의 상태는 변할 낌새가 안 보이지만, 먼바다 밑에서는 대륙붕의 경사면이 끝나고 이제 진짜 해저가 펼쳐진다. 이 부근에서는 북아메리카 대륙이 이미 아프리카 대륙 북부로부터 갈라져 나왔을 뿐 아니라 판 구조 운동 때문에 두 대륙 사이가 계속 벌어지는 중이다. 해저 5500미터에 새로운 바다 밑바닥이 길게 펼쳐진다. 아직 퇴적물이 많이 쌓이지 않았기 때문에 해저 산맥도 활발히 활동하고, 해양 플레이트를 형성하는 물질도 새롭게 만들어지는 중이다.

당신에게는 이보다 더욱 중요한 소식이 하나 있다. 바로 서쪽을 향해 흐르는 강력한 해류가 있다는 사실이다. 실은 이 경로를 택한 것도 그 때문이다. 세상에서 가장 더운 지역은 태양이 머리 바로 위를 지나는 열대 지방이다. 열대 지방에서 상승한 더운 대기는 위도가 높은 지역의 상공으로부터 서늘한 대기를 끌어당긴다. 이처럼 남북 방향으로 일어나는 대기의 흐름은 지구 자전 때문에 서쪽으로 쏠리게 된다. 이 대기의 흐름이 바로 오늘날 우리가 말하는 무역풍이다. 무역풍은 열대 지방에서만 부는 바람이다. 이 바람에 영향을 받는 열대 부근의 먼바다에서는 서쪽으로 흐르는 해류가 발생한다. 이 적도 해류가 오늘날에는 여러 대륙에 막혀 따로따로 나뉜 채 대서양과 인도양, 태평양을 순환하는 해류의 한 부분을 이룬다. 그러나 지금 당신이 있는 쥐라기 후기에는 적도 부근의 해로를 따라가도 대륙에 방해받지 않고 지구를 빙 돌 수 있다. 다시 말하면, 적도 부근에서는 언제나 서쪽을 향해 강력한 해류가 흐르고 있다는 말이다. 이 해류를 타고 북아메리카 대륙으로 향하면 단 며칠 만에 목적지에 도착할 수 있을 것이다.

적도 해류는 갓 생겨난 대서양의 남쪽 방향으로 흘러 북아메리카 대륙 동남쪽 끄트머리를 돈 다음, 멕시코 만으로 향한다. 여기서 반드시 주의해야 할 점이 한 가지 있다. 이 시기의 남북아메리카 대륙은 중앙아메리카 지협으로 이어져 있지 않기 때문에, 자칫하면 적도 해류를 타고 망망대해인 판달라사(초대륙 판게아를 둘러싼 거대 바다)로 빠져나가 영영 못 돌아오는 신세가 되고 만다.

그러므로 멕시코 만 근처에 다다르면 곧장 북쪽으로 뱃머리를 돌려 북아메리카 대륙 해안의 아무 곳에나 상륙해야 한다. 오늘날로 치면 아마도 텍사스 주 부근일 것이다. 거기서 무엇이 기다리고 있을지는 상상도 할 수 없다. 쥐라기 후기의 상황을 알려주는 지질학 기록이 거의 없기 때문이다. 공룡 화석을 포함하여 트라이아스기 초기의 퇴적물은 잔뜩 발견되었지만, 그 뒷부분이 뭉텅 빠지는 바람에 백악기 초기 이전까지는 거의 아무것도 남아 있지 않다. 그러나 여기까지 온 이상 뭐가 기다리든 앞으로 나아가는 수밖에 없다. 북쪽을 향하여, 대륙 중앙부의 모리슨 평야로 출발하자.

경로 4. 뉴욕에서 열기구를 타고 출발!

이번에는 뉴욕에서 열기구를 타고 날아가 보자. 어쨌거나 이곳은 모리슨 평야가 있는 대륙이므로 바다를 건널 걱정은 안 해도 좋다.

쥐라기 후기의 뉴욕은 지형을 놓고 보면 현대와 마찬가지로 좁고 기다란 해안 평야로서, 동쪽으로 바다를 마주하고 있다. 서쪽의 언덕 지대는 저 멀리 흐릿하게 보이는 높은 산으로 이어진다. 그러나 주변 경관은 열대 풍이다. 세쿼이아 비슷한 침엽수와 커다란 양치류, 소철류 등이 숲을 이루고 나무 아래마다 키 작은 양치식물이 빼곡히 자란다. 이 부분은 쥐라기 이전과 이후의 지질 변천사에 관한 연구를 토대로 유추하는 수밖에 없다. 쥐라기 후기의 지층에서 직접 얻을 수 있는 지식이 별로 없기 때문이다.

이 땅의 주인 역시 공룡인 것만은 확실하지만, 어쩌면 당신의 목적지인 모리슨 평야의 공룡들하고는 다를지도 모른다. 쥐라기 초기, 그러니까 당신이 지금 머물고 있는 시대에서 보면 약 500만 년 전까지, 북아메리카 대륙은 중앙부가 해수면 아래 잠겨 있었기 때문에 대륙 동부와 서부가 내륙해에 가로막혀 격리된 상태였다. 오늘날 여러 동물군이 두 지역에 서로 분리되어 서식하는 것도 이 같은 장벽 때문이다. 사하라 사막이라는 가공할 만한 장벽에 가로막힌 북아프리카와 중앙아프리카의 동물들을 비교해 보면 쉽게 알 수 있다. 똑같은 요인이 쥐라기 동물들에게도 작용했으리라고 추측할 만하다.

자, 이제 기구를 타고 날아오를 시간이다. 키 작은 식물들이 빽빽이 자란 후텁지근한 지표면을 떠나, 침엽수들의 가지 사이로 빠져나가, 하나로 이어진 지붕처럼 서로 얽히고설킨 숲을 발아래 두고, 눈부신 햇빛 속으로 올라가 보자. 아래를 내려다보면 무성한 나뭇잎이 초록빛 융단을 이룬 가운데 유난히 키 큰 나무 한두 그루가 머리를 빼꼼히 내밀고 있다. 동녘에 반짝이는 바다로부터 바람이 불어와 뺨을 간지럽힌다. 바람을 타고 서쪽으로 떠내려가다 보면 처음에는 프테로사우루스가 날카롭게 울부짖으며 주위를 맴돌지만, 조류로 진화하는 길을 택한 이 생물들은 당신의 기구가 점점 상승하는 것을 보고 따라오기를 포기하고 만다.

숲이 만든 융단은 끊어질 줄 모르고 초록빛을 이어 가며 저 아래로 멀어지고, 기구의 고도가 높아질수록 주위의 지형이 또렷이 눈에 들어온다. 땅에 붙어 있을 때보다 현대의 뉴욕과 더 비슷해 보이는 듯싶다. 정확히 말하면 워싱턴부터 뉴욕, 보스턴에 걸쳐 이어지는 대도시권이 존재하지 않는다고 가정할 때의 이야기이지만 말이다. 서쪽에 보이는 겹겹의 산들은 장대한 애팔래치아 산맥이다. 애팔래치아 산맥은 꽤나 복잡한 역사를 품고 있다. 이 산맥이 처음 성장하기 시작한 때는 현재의 북아메리카에 해당하는 옛 대륙이 자신과 마찬가지로 오래된 대륙이자 오늘날의 유럽에 해당하는 땅덩어리를 향해 이동하던 실루리아기(4억 3500만 년~4억 1000만 년 전)였다. 두 대륙이 충돌했을 때 그 사이에 있던 해양 퇴적물이 압력을 못 이기고 위로 솟아올랐다. 뒤이어 아프리카 대륙이 동남쪽에서 접근하며 더욱 많은 양의 해양 퇴적물을 끌어올리고 밀어붙인 끝에 마침내 오늘날의 히말라야 산맥 못지않게 거대한 산맥이 만들어졌다. 히말라야 산맥이 전에는 따로따로였던 아시아 대륙과 인도 대륙의 경계선을 표시하는 것과 마찬가지로, 이 산들도 수백만 년 전에 충돌한 두 대륙의 경계선을 표시하고 있다. 두 대륙이 이어진 시기는 석탄기 후기로서, 이 사건이 바로 판게아 초대륙의 출현을 알리는 신호탄이었다. 그로부터 1억 5000만 년이 흘러 쥐라기 후기가 된 지금, 초대륙은 또 다시 분열하는 중이다.

지각을 구성하는 판들이 인정사정없이 움직인 결과 초대륙은 조각조각 갈라졌다. 대륙이 갈라지는 지점은 이미 존재하던 연약한 균열 지대로서, 초대륙이 형성될 때 기념품처럼 남겨진 지질 구조라고 할 수 있다. 애팔래치아 산맥 곳곳에서는 이러한 지형의 결을 따라서, 즉 위로 밀려 솟아난 봉우리와 침식당한 골짜기를 따라서 단층과 열곡이 출현한다. 이런 식의 확장 운동은 트라이아스기 말에 시작하여 당신이 방문한 지금까지 계속되는 중이다.

열곡을 그저 '이웃한 단층 사이의 지표면이 깊숙이 꺼져 만들어진 지형'으로 정의할 수는 없다. 일부 입문서들은 지나치게 단순화한 그림을 통해 위와 같은 인상을 심어 주기도 하지만, 이는 착각이다. 실제로는 인접한 두 단층뿐만 아니라 일련의 단층들 전체가 관여하여 열곡을 만들기 때문이다. 먼저 해당 지역 전체가 몇 개 블록으로 나뉜 다음, 이곳에서 작용하는 힘의 성질에 따라 블록의 일부는 다른 것들보다 빠르게 침강하고 다른 일부는 융기한다. 이러한 블록은 대개 폭이 넓은 선반처럼 생겼기 때문에 열곡의 한쪽 끝에서는 지층에 금이 가는 동시에 휘어지는 현상이 일어나고, 반대쪽 끝에서는 지층이 가늘게 모이는 현상이 일어난다. 열곡은 어느 정도 발달하면 활동이 정지되는데 힘의 작용점이 이동함에 따라 근처에 새로운 열곡이 생기는 경우도 있다.

지금 당신 눈 아래에서 바로 그 현상이 일어나는 중이다. 기구 아래 저 멀리 펼쳐진 지표면에는 블록이 침강하여 생긴 지구(그라벤)와 블록이 융기하여 생긴 지루(호르스트)가 교차하며 이어지고 있다. 물론 이 과정은 수백만 년이 걸리기 때문에 당신이 그 현장에 서 있다고 해도 지면의 움직임이 느껴지지는 않는다. 다만 이따금씩 지진이 일어나서 지각의 벌어진 틈새나 지구를 통해 마그마가 상승하는 광경, 또 그 결과로 생각지도 못한 장소에 화산이 형성되는 광경 등은 목격할 수 있을 것이다. 현대에는 동아프리카에서 이러한 상황이 벌어지는 중이다. 동아프리카 대지구대는 분열하려 하는 대륙의 경계선을 표시하는 증거이며, 웅고롱고로 분화구나 올도이뇨 렝가이 화산(두 곳 모두 탄자니아) 또한 지각 활동이 계속된다는 증거이다.

따라서 저 아래에 보이는 좁고 기다란 골짜기들은 도중에 활동을 멈춘 열곡이라고 할 수 있다. 맨 먼저 뉴어크 분지가 눈에 들어온다. 멀리 북쪽으로는 안개가 끼어 흐릿한 코네티컷 분지가 길고 가늘게 뻗어 있다. 반대편 끄트머리는 너무 멀어서 보이지 않는다. 지각 운동이 계속되는 곳은 당신의 등 뒤, 동쪽 분지이다. 이곳에서는 마침내 대륙이 갈라져 현대의 대서양에 해당하는 바다가 처음으로 위용을 드러내는 중이다. 북아메리카 대륙 동쪽 끄트머리에서는 판의 당기는 힘 때문에 대륙 지각이 길고 가느다란 쐐기 모양으로 갈라졌다. 이 쐐기 모양 지각들은 함께 침강하며 새로 생긴 바다를 향해 모조리 흘러갔다. 해수면 아래에서 이 같은 현상이 일어난 결과 이 부근에는 퇴적물로 덮인 드넓은 대륙붕이 생겨나는 중이다. 점점 넓어져 가는 바다 저편에서 여전히 곤드와나 초대륙의 한 부분을 이루고 있는 아프리카 대륙 동쪽 끝은 앞서 살펴본 열곡의 반대편에 해당한다. 열곡의 이쪽 부분은 아메리카 대륙 쪽보다 경사가 더 가파르기 때문에 단층 블록이 계단 모양으로 침강했고, 그 결과 대륙붕도 비교적 좁게 형성되는 중이다.

공룡을 내려다보며 즐기는 열기구 여행

애팔래치아 산맥의 가늘고 긴 분지, 즉 도중에 활동을 멈춘 열곡이 형성된 때는 쥐라기 후기로부터 수백만 년 전이었다. 따라서 지금 이 주위의 산들은 침식 작용을 거치는 동시에 물을 타고 떠내려온 퇴적물에 파묻히는 중이다. 이 정도로 긴 시간이 흐르다 보면 비가 많이 내리는 시기도 있게 마련이다. 그러한 시기에는 열곡 전체가 길고 가느다란 호수가 되고, 이 호수 양쪽 끝으로부터 퇴적물이 흘러나와 선상지(부채꼴 모양의 퇴적 지형)가 형성된다. 건조한 시기에는 열곡 바닥에 퇴적물이 쌓여 사막 같은 황무지가 나타난다. 북쪽의 코네티컷 분지는 쥐라기 초기의 공룡 발자국이 남아 있는 지역으로 유명한데 이는 당시에 살던 소형 공룡들이 주변 사막으로부터 물을 찾아 열곡 호수에 모여들었기 때문에 생긴 흔적이다.

서쪽으로 나아가다 보면 산이 점점 높아져서 산등성이가 기구에 가까워진다. 식물은 갈수록 찾아보기가 힘들다. 높은 하늘에서 내려다보아도 여기저기 돌아다니는 동물들이 눈에 띈다. 몸집이 꽤 커서 공룡이라는 것만은 확실하지만, 더 자세한 특징은 알아보기 힘들다. 바로 옆에서 관찰한다고 해도 어떤 종류인지 단언할 수는 없을 것이다. 화석을 토대로 추정할 수 있는 종이 아니기 때문이다.

화석을 근거로 동물을 연구하기가 어려운 까닭이 바로 여기에 있다. 바다에 사는 생물의 화석은 많이 남아 있다. 퇴적암이 대부분 해저 퇴적물로 이루어졌기 때문이다. 바다에서 살다가 바다에서 숨을 거둔 동물은 바다 밑바닥으로 가라앉게 마련이고, 뒤이어 육지로부터 흘러온 자갈과 모래, 진흙 등에 파묻힌다. 이것이 화석화의 제1단계이다. 한편 육지에 사는 동물은 극히 드문 경우를 제외하면 화석이 되지 않는다. 이유는 간단하다. 우선 육지에서 죽은 동물의 사체는 오랫동안 그대로 남아 있는 경우가 드물다. 부식동물, 즉 썩은 고기를 찾아다니는 동물들이 주검을 찾아내어 갈가리 헤집고 뼈를 사방에 흩뿌리기 때문이다. 그리고도 남은 부

분은 곤충이나 박테리아의 먹이가 된다. 딱딱한 껍데기나 뼈라고
해도 예외가 아니다. 며칠이 지나면 주검은 간데없고 남은 것은 흩
어진 뼈와 지면에 스머든 핏자국뿐이다. 오래지 않아 뼈도 사라지
고, 화석이 될 만한 것은 하나도 안 남는다. 남은 것이 있다손 쳐
도 비나 서리 같은 기상 요인 때문에 파괴되고 만다. 뭍에 사는 동
물이 화석이 되려면 강이나 호수 바로 옆, 또는 이동하는 모래 언
덕 근처에서 숨을 거두어야 한다. 사체가 강바닥 또는 호수 바닥
에 가라앉거나 이동하는 모래 언덕에 파묻히면 부식동물이나 기상
요인으로부터 보호받을 수 있기 때문이다. 뭍에 사는 동물은 이런
경우에만 화석이 되어 남는다. 따라서 공룡 같은 뭍짐승의 경우,
화석을 통해 얻을 수 있는 지식은 곧바로 퇴적물이나 모래에 파묻
힐 수 있는 환경에 살았던 종에만 국한된다. 그렇다면 답은 퇴적
물이 쌓이는 저지대에 있다. 그런데 산에는 퇴적물이 쌓일 만한 곳
이 없다. 산지에서 일어나는 것이라고는 침식 작용뿐이다. 지표면
에 툭 튀어나와 노출된 암석은 침식되면서 부서지고, 이렇게 형성
된 돌 부스러기는 급류를 타고 산 아래로 떠내려가서 머지않아 저
지대나 바다에 이른다. 산에 사는 동물의 사체는 부식동물의 먹잇
감 신세를 피한다고 해도 이 단계에서 산산이 부서지고 만다. 따
라서 산짐승은 화석을 남기지 않는다. 이따금씩 석두 공룡, 즉 파
키케팔로사우루스^{Pachycephalosaurus}류의 거대한 머리뼈나 안킬로사
우루스의 갑옷 같은 등껍질이 발견되곤 한다. 이러한 화석에는 물
에 실려 멀리까지 떠내려온 흔적이 남아 있다. 극히 단단한 뼈가 이
처럼 심하게 손상된 사실을 토대로 급류에 휩쓸렸다는 점, 또 고지

대에 살던 동물의 화석이라는 점 등을 유추할 수 있다. 그렇다고 는 해도 쥐라기 후기 무렵 산지에 살던 공룡의 완벽한 모습을 알 수 없다는 점만은 변하지 않는다. 그러므로 쥐라기 후기인 지금 애 팔래치아 산맥 상공을 날아가는 당신은 공룡을 보아도 어떤 종류 인지 딱 부러지게 구분하지 못할 것이다.

수많은 하천의 퇴적물이 쌓인 모리슨 평야로

조금 더 가다 보면 이곳저곳 블록으로 나뉘었던 풍경이 바뀌기 시 작한다. 꼭대기가 평평한 지루와 그 양쪽에 낭떠러지를 이루어 지 루의 존재를 도드라지게 하는 지구는 이제 시야에서 사라지고, 그 대신 더 높고 둥그스름한 산들이 가까이 다가온다. 애팔래치아 산 맥의 심장부라고도 할 수 있는 화강암 덩어리가 불쑥 튀어나와 있 다. 대륙들이 서로 충돌한 결과로 만들어진 산맥 지하에서는 막대 한 압력과 고열이 발생하여 암석의 성질을 바꾸고 새로운 광물을 형성한다. 이 과정에서 퇴적암은 편마암이나 편암 같은 변성암으 로 바뀐다. 이 모든 과정은 산꼭대기에서 아득히 멀리 떨어진 깊숙 한 지하에서 일어난다. 때로는 암석이 녹았다가 다시 굳어서 화강 암 같이 완전히 새로운 화성암으로 탈바꿈하기도 한다. 머잖아 산 의 표면이 침식되면 이렇게 만들어진 새 암석이 지면에 노출되고, 이전과 완전히 다른 풍경이 출현한다. 화성암이나 변성암의 토대 는 높은 곳에 위치하기 때문에 대형 식물이 자라지 못한다. 따라서 당신이 기구에서 내려다보는 산의 경사면이나 정상은 불모의 땅으로 보일 것이다.

　그 사이에 당신이 탄 기구는 산맥의 가장 높은 부분을 지난다. 이윽고 기구의 고도가 낮아지면 풍경은 또 다시 바뀐다. 산맥이 뻗어 나가는 방향을 따라 협곡 몇 갈래가 나란히 달려간다. 산 동쪽에서 보았던 단층 블록들은 꼭대기가 평평했지만, 이 협곡들은 윗부분이 깎아지른 듯 날카롭고 진행 방향 또한 구불구불하다. 산자락을 끼고 돌아가는 지점에서는 물살이 장애물을 휘감았을 때 생기는 거품도 보이는 듯싶다. 드디어 퇴적암 지대에 들어선 것이다. 이 암석층은 내륙 깊숙한 곳에 형성된 다음 조산 활동 과정을 거치며 위로 밀려 올라가거나 구불구불하게 접혔다. 이렇게 접혀서 생긴 주름의 맨 위쪽은 침식 작용으로 물에 휩쓸려 떠내려갔고, 가장 단단한 암석층만 협곡이 되어 남았다. 산맥에서 흘러내린 하천은 원래 나란히 뻗어 나가는 협곡 하부의 골짜기에만 모이기 때문에 자연히 협곡을 따라 흐르게 된다. 시간이 흐른 후에는 하천이 협곡을 뚫고 직각으로 방향을 트는 경우가 생기기도 한다. 이러한 현상이 어느 정도 되풀이되면 새로운 물길이 자리를 잡는다. 이후에도 산맥이 계속 높아지면 협곡의 양쪽 낭떠러지가 상승하는 속도에 맞춰 하천도 바닥을 더욱 깊이 침식해 간다.

　기구를 타고 계속 가다 보면 지표면이 변형되는 강도가 차츰 약해진다. 조산 활동의 중심부로부터 멀어지면 멀어질수록 지형이 평탄해지는 것이다. 하천들은 변함없이 산기슭의 완만한 경사면을 누비며 갈지자로 흘러가다가 마침내 대륙 중앙부의 평야로 나온다. 그리하여 산에서부터 쓸려 온 돌 부스러기들이 이곳에 떨어지기 시작한다. 지금 당신의 눈 아래에 펼쳐진 평야에는 하천의 퇴적물이 계속 쌓여 가는 중이다. 이곳은 먼 훗날 모리슨층이 된다.

경로 5. 시드니를 출발하여 모리슨 평야로

만약 당신이 오스트레일리아의 시드니에 있다면, 기나긴 육로 여행을 각오하기 바란다. 몇 달은 걸린다고 예상하는 편이 좋다. 어쨌거나 쉬지 않고 분열하는 곤드와나 초대륙을 종단해야 하기 때문이다.

최단 거리로 가려면 일단 곤드와나 대륙의 동쪽 해안을 벗어나 서남쪽으로 향하도록 하자. 쥐라기 후기인 지금은 훗날 오스트레일리아의 풍경을 특징짓는 동쪽 산맥, 즉 그레이트디바이딩 산맥과 오스트레일리아알프스 산맥이 아직 현대와 같은 모습으로 존재하지 않는다. 지금도 언덕이 우뚝 솟아 있기는 하지만 원래 이곳은 산맥이었다. 그 산맥이 쥐라기인 지금으로부터 약 3억 년 전인 오르도비스기에 상승을 멈추는 바람에 표면이 침식되어 화강암층이 드러났고, 이 화강암층이 언덕으로 남은 것이다.

곤드와나 대륙이 몇 조각으로 나뉘어 제각각 멀어지기 시작하면 이 산맥은 또 다시 상승 운동을 시작할 것이다. 그때가 되면 오스트레일리아 대륙의 동쪽 끄트머리가 태평양의 해양 지각에 밀리는 현상이 일어나는데, 이때 그 경계선이 접혀서 습곡 산맥이 생겨난다. 이곳을 화산 물질이 관통하면 마침내 오늘날과 같은 장대한 산맥이 만들어지는 것이다. 하지만 그때가 오려면 아직도 한참을 기다려야 한다.

기복이 완만한 이 지역에는 열대 풍의 경관이 펼쳐져 있다. 드넓은 열대 초원과 열대림으로 이루어졌기 때문이다. 동쪽으로 더 떨어진 곳에서 발견되는 퇴적층 화석은 오르도비스기 이후에 격렬한 침식 작용이 일어났음을 증명해 준다. 이 부근은 초식 공룡의 영토였다. 쥐라기 후기에 이곳에 공룡이 살았다는 직접적인 증거는 없다. 그러나 수백만 년 전인 쥐라기 중기에는 로에토사우루스^{Rhoe-tosaurus}라는 초식 공룡이 살았으며, 후에 찾아온 백악기에도 같은 초식 공룡인 아우스트로사우루스^{Austrosaurus}가 살았다. 이 같은 사실과 더불어 넓은 범위에 걸쳐 공룡 발자국 화석이 발견된 점도 함께 생각해 보면, 초식 공룡이 이들 시대를 관통하여 오랫동안 존재했다고 보아도 좋을 것이다.

열대 초원과 열대림의 나무들은 대부분 침엽수이다. 하지만 잎을 보면 바늘이 아니라 칼날처럼 넓적해서 현존하는 남양삼나무속의 칠레 소나무를 연상케 하는 나무도 있고, 기다랗고 평평한 잎이 달린 나무도 있다. 칠레 소나무는 원숭이도 기어오르기 힘들 만큼 가시가 많아서 '멍키퍼즐트리'라고도 불린다 – 옮긴이 후자의 나무가 속하는 과는 현대까지도 살아남았다. 1994년 시드니 서쪽의 산지에서 발견되어 공룡 시대의 살아 있는 흔적으로 유명해진 울레미 소나무가 바로 그 주인공이다.

얼음 벌판도 눈도 없는 여름날의 남극 대륙

바다를 뒤로 하고 서남쪽으로 나아가다 보면 대기가 더 건조해지는 동시에 기온 또한 낮아진다. 어느새 오스트레일리아 대륙을 벗어나 남극 대륙에 건너온 것이다. 최종적으로 두 대륙을 분리하는 지각 변동의 위력은 벌써 이 부근까지 미쳤으리라 생각되지만, 이를 입증하는 최초의 지층 흔적은 쥐라기 후기인 지금으로부터 수백만 년 후에야 나타난다. 그 증거에 따르면 백악기 초기에 이 부근에는 단층으로 둘러싸인 골짜기가 몇 군데 있었다. 그곳에는 식물이 번성하는 한편으로 여러 종류의 공룡들이 활보하고 있었다.

백악기 초기의 공룡에 관해서는 현재 몇 가지 지레짐작이 오가는 중이다. 백악기 초기에 이 근처는 남극권에 속했고, 따라서 공룡들도 오랜 기간에 걸쳐 춥고 어두운 삶에 적응했을 것이기 때문이다. 지금 남극의 평야를 지나는 당신도 예외는 아니다. 지금 당장은 남극점 바로 옆을 걷는 중이라고 해도 그곳이 어디인지 전혀 눈치채지 못할 것이다. 얼음 벌판도 눈도 없고, 기온도 영하로 내려가지 않기 때문이다. 주위의 식물은 양치류나 은행나무처럼 저온에서도 잘 자라는 종류이고, 멀리 보이는 공룡도 이미 낮은 기온에 익숙해진 모습들이다. 때를 잘 골라 여행에 나선 덕분에 지금은 남극의 여름, 즉 태양이 하루 종일 떠 있는 시기이다. 허나 반 년 전이었다면 종일 어두웠을 것이다. 그러나 이 무렵 이 근처에 얼음 벌판이 있었다는 증거는 아무것도 남아 있지 않다.

전체 여정 가운데 이 부분에 관하여 제공할 수 있는 정보는 여기까지이다. 남극 대륙에서는 쥐라기의 암석이 거의 발견되지 않았기 때문에 당시 상황이 어떠했는지는 알 길이 없다. 다만 한 가지 확실히 말할 수 있는 것은, 이 무렵 남극 대륙의 반대쪽 끄트머리에서 남아메리카 대륙 및 아프리카 대륙이 이미 갈라지기 시작했다는 사실이다.

대륙 서북쪽의 남극 반도는 이미 확실히 자리를 잡았다. 새로 생겨난 산맥이 해안을 따라 늘어선 모습이 마치 가장자리를 장식하는 듯하다. 남극과 남아메리카의 물리적 연결부는 벌써 끊어지고 없지만, 이 산맥은 지질학적으로 안데스 산맥과 이어져 있다. 이 부근에서는 두 대륙 사이에 새 바다가 열려 있기 때문에 이곳에서 바다를 건너기는 어려울지도 모른다.

거대한 초식 공룡과 맞닥뜨리다

그러므로 북쪽으로 방향을 틀어 남극 대륙 북쪽 끄트머리에서 아프리카로 건너가도록 하자. 남극점을 뒤로 하고 더 온화한 기후를 향하여 출발하는 것이다. 남극은 여름보다 겨울에 비가 더 많이 내리기 때문에 여름에 종단하다 보면 어느새 겨울이 목전이라 비가 잦을 테고, 여행길에도 그만큼 품이 더 들 것이다.

남극에서 아프리카로 이동하는 것도 그리 쉬운 일은 아니다. 이 근방에서는 대륙 사이의 열곡이 한창 만들어지는 중이기 때문이다. 단층 경사면을 타고 골짜기로 내려오면 화산성 증기와 연기 때문에 대기 중에 황 냄새가 자욱하다. 때로는 갓 뿜어져 나온 용암이 앞길을 가로막기도 할 것이다. 현무암 위주로 이루어진 용암류는 몇 킬로미터를 흘러간 후에야 차갑게 식어서 딱딱해진다. 이러한 용암류에 뒤덮인 지역은 넓고도 넓다.

문득 둘러보니 북쪽에 바다가 보인다. 마음이 차분하게 가라앉는 풍경이다. 여행길에 나선 이후 바다를 보기는 처음이다. 저 바다는 마다가스카르 섬이 아프리카 대륙으로부터 분리되는 과정에서 형성된 지구대에 바닷물이 흘러들어 만들어졌다. 이 근방의 경관은 모리슨 평야에서 만나게 될 풍경의 예고편이라고 해도 손색이 없다. 널따란 해안 평야는 아프리카 내륙부로부터 흘러온 몇 갈래 강이 만들어 낸 작품이다. 강물에 실려 온 퇴적물이 바다 바로 앞에 가라앉아 삼각주를 형성하다가 나중에는 평야로까지 발전한 것이다. 20세기 초, 학자들은 당시 독일령 동아프리카였다가 나중에 탄자니아가 되는 지역에서 발굴 조사를 실시하여 이곳에 어떤 동물들이 살았는지를 밝혀냈다. 바로 당신이 여기까지 오는 길에 본 동물들이다.

강을 따라 늘어선 숲에서 커다란 초식 공룡이 잎을 뜯고 있다. 초식 공룡 중에 가장 커다란 종은 오래전부터 브라키오사우루스로 불렸으나 지금은 학술적인 이유 때문에 기라파티탄으로 명칭이 바뀌었다. 모리슨 평야에 도착하면 진짜 브라키오사우루스를 볼 수 있을 것이다. 소형 초식 공룡으로는 디플로도쿠스를 닮은 디크라이오사우루스Dicraeosaurus가 있다. 목이 비교적 짧고 척추가 등지느러미처럼 높이 솟은 공룡이다. 스테고사우루스과의 켄트로사우루스Kentrosaurus도 있다. 이 공룡은 스테고사우루스보다 덩치가 작고 등의 골판과 척추도 가늘다. 포식자 공룡으로는 알로사우루스와 비슷한 사나운 육식 공룡, 또 작고 날쌘 엘라프로사우루스가 있다. 이들을 포함하여 가까운 관계에 있는 공룡들이 모리슨 평야에도 서식한다는 사실은 곧 두 지역이 최근까지 이어져 있었다는 증거이다. 그러나 여기서 꾸물거리면 안 된다. 길을 서두르자. 아프리카 남부를 가로질러 가다 보면 비가 잦은 겨울 기후에서 항시 건조한 기후로 바뀔 테고, 그러다 보면 어느새 남아메리카 대륙에 들어서 있을 것이다. 어디서 아프리카 대륙이 끝나고 어디서부터 남아메리카 대륙이 시작되는지 보여 주는 표지는 아무것도 없다. 이 부근에 열곡이 형성되어 남대서양이 생기는 것은 수백만 년 후의 일이다.

남아메리카 대륙 남단은 습도가 높은 남방 지역의 끄트머리이기도 하다. 이 근방에는 원시 침엽수가 숲을 이루고 있다. 줄기 지름은 최대 2미터, 잎이 우거진 부분은 당신 머리로부터 자그마치 30미터 위에 있다. 이곳의 생태계는 시들어 죽은 고목의 줄기에서도 거대한 버섯이 자랄 만큼 활기가 가득하다. 이 정도로 자세히 알 수 있었던 것은 파타고니아의 세로콰드라도 화석림에서 발견된 화석 덕분이다.

여기서 더 나아가면 이제 사막이 주인공이 된다. 주위보다 높고 평평한 브라질 대지를 건너 곤드와나 대륙 북단의 열대 지역을 향해 나아가자.

남반구 대륙의 북쪽 끄트머리를 지나는 적도에 가까워지다 보면 또 다시 열대림이 모습을 드러낸다. 이곳이 바로 여행에 나선 이후 처음으로 뭍길을 떠나는 지점이다. 나중에 남아메리카가 되는 땅덩어리와 북아메리카가 되는 땅덩어리가 바다로 가로막혀 있기 때문이다. 이 바다는 조심스럽게, 또 신속하게 건너야 한다. 세계를 한 바퀴 도는 적도 해류가 차츰 넓어지는 북대서양에서 좁은 바다로 집중되는 지역이다 보니 조류가 무서울 정도로 빠르게 흐르기 때문이다. 자칫 실수라도 했다가는 적도 해류를 타고 서쪽으로 떠내려가 아직 세계의 절반을 덮고 있는 망망대해로 나가 버린다. 그렇게 되면 살아 돌아올 가망은 없다.

이 난국을 돌파하면 이제 북반구 대륙에 발을 디딜 차례이다. 여기서부터 북쪽의 모리슨 평야까지는 꽤나 즐거운 여정이 될 것이다.

2장

1억 5000만 년 전,
최고의 노른자위 땅은 어디?

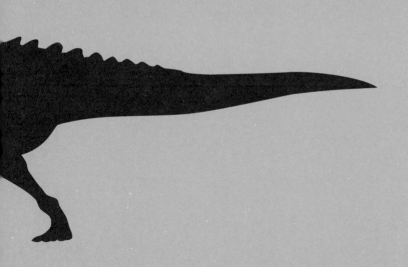

자, 그리하여 드디어 도착했다! 당신은 지금 살짝 비탈진 언덕 위에 서 있다. 눈앞에는 훗날 모리슨층의 토대가 되는 평야가 펼쳐져 있다. 평야 전체를 한눈에 조망하기란 불가능하다. 사람의 시야보다 훨씬 넓기 때문이다. 현대의 지명을 빌려 설명하자면 남북으로는 뉴멕시코 주의 중앙부에서 몬태나 주를 거쳐 캐나다 남단까지, 동서로는 로키 산맥 부근부터 애팔래치아 산맥까지 이어져 있다. 한마디로 북아메리카 대륙의 중앙부 전체를 푹 뒤덮고 있다고 해도 좋을 것이다.

변화하는 풍경 속에서 살기 좋은 곳을 찾는 법

이 평야는 무려 600만 년 내지 700만 년 동안이나 존재했으므로 그 기간 중 어느 시점에 도착했는지에 따라 풍경이 조금씩 다를 것이다. 사람에게 600만 년, 700만 년은 아득히 긴 시간이다. 예컨

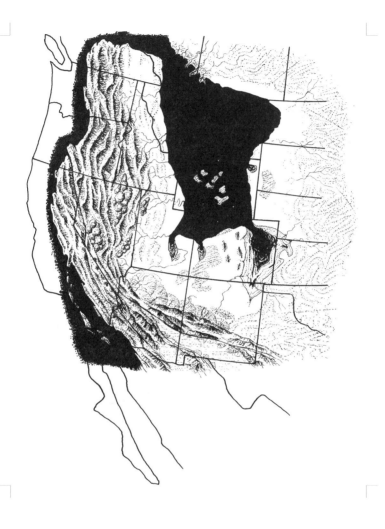

대 현대의 시점에서 볼 때 700만 년 전은 빙하기보다 오래된 옛날로서, 지중해가 말라붙으면서 말이나 코뿔소가 대륙 초원의 주요한 초식 포유류였던 시기가 끝나고 영양이나 가젤이 그 자리를 대신하기 시작한 시기에 해당한다. 따라서 700만 년 동안 지리적으로나 생물학적으로 적잖은 변화가 일어나는 것은 당연한 일이다.

◀ 모리슨층 형성기 초기의 지도

넓고 야트막한 내해가 모리슨 평야의 대부분을 뒤덮고 있다. 이 내해는 북쪽 멀리, 현대로 치면 캐나다의 브리티시컬럼비아 주 부근에서 대양으로 흘러든다. 내해 주변을 따라 만 형태의 지대가 폭넓게 이어지며 증발 분지를 형성하는데 이곳에는 소금을 필두로 각종 화합물이 퇴적된다.

모리슨 평야 서쪽의 해안에 늘어선 산맥은 이 시기에도 높이 융기하는 중이다. 산맥 곳곳에 단층이 형성되어 골짜기가 나타나기도 하고, 산이 침식 작용을 겪어 중심부의 화강암이 지표면에 노출되기도 한다.

산에 내리는 비는 하천이 되어 모리슨 평야로 흘러 나가는데 이때 침식 작용으로 산 중턱에 쌓인 흙모래를 함께 싣고 간다. 이렇게 실려 간 흙모래는 선상지를 형성하는데 이 지형은 산 남쪽에서 특히 두드러지게 나타난다. 평야 지대의 건조한 기후 조건 때문에 남부와 동부에서는 퇴적된 모래가 바람에 날려 모래 언덕 지대를 형성한다. 모래 언덕은 내해 이곳저곳에 섬으로 존재하기도 한다.

머나먼 북쪽에서는 대륙 내부의 변성 순상지(암석이 방패 모양으로 넓게 분포하는 지형)로부터 흘러온 하천이 바닷가에 삼각주를 만들고, 이 삼각주에 삼림이 형성된다.

　

　당신이 도착한 시점이 그 700만 년이라는 기간의 여명기라고 가정해 보자. 그렇다면 눈앞에는 드넓은 내해(육지로 둘러싸인 바다)가 펼쳐져 있고, 그 주위를 건조한 저지대가 둘러싸고 있을 것이다. 반짝이는 내해는 북쪽 지평선까지 길게 이어지다가 대륙 가장자리에 늘어선 산맥을 뚫고 오늘날의 브리티시컬럼비아 주(캐나다) 근처에서 망망대해로 흘러든다. 얕은 내해가 대개 그렇듯이 이곳에도 개펄과 석호가 보인다. 이러한 지형은 육지 쪽으로 파고든 바다가 넓은 물로부터 분리된 채 건조한 기후 속에 증발하면서, 또 그 과정에서 소금을 비롯한 각종 화합물이 포함된 퇴적물을 남기면서 만들어진다. 한편 하천의 영향을 받아 형성된 초기 퇴적층은 평야 동쪽과 서쪽, 남쪽의 산맥에서부터 부채꼴 모양으로 넓어진다. 이 퇴적층 또한 건조한 열기 속에서 바싹 마르는데 이 과정에

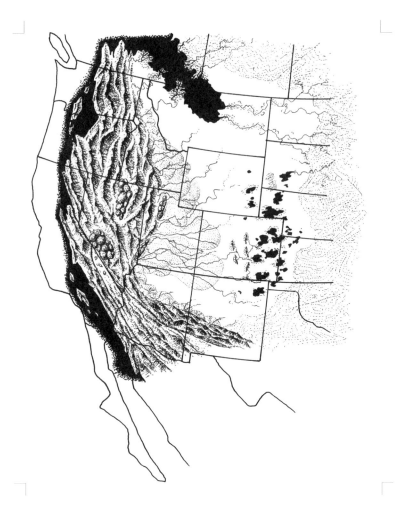

서 퇴적물 속의 미세한 알갱이들이 서풍에 날려 모래 언덕을 만들고, 이 모래 언덕은 다시 해안 평야를 가로질러 이동한다.

시간이 흐르면서 얕은 바다는 북쪽으로 물러난다. 모리슨층 형성기 중기 즈음에는 서남쪽에 치솟은 산들이 침식을 겪는데 여기서 생긴 모래와 자갈이 몇 갈래 하천을 타고 모리슨 평야에 넓게 퍼진

◀ 모리슨층 형성기 중기의 지도

수백만 년 후, 내해는 북쪽으로 후퇴했고 모리슨 평야는 서쪽 산맥으로부터 하천에 실려 온 퇴적물로 덮여 있다.
이 시기에 해안에 늘어선 산맥은 높이가 최고에 이르러 격렬한 침식을 겪는다. 하천에 실려 온 대량의 흙모래는 선상지 몇 곳을 형성하고, 동쪽을 향해 흐르는 망상 하천이 이 선상지를 종횡으로 누빈다.
평야의 저지대, 특히 동쪽 저지대에서는 지하수면이 지표면에 가깝기 때문에 드넓은 지역에 습지와 호수가 드문드문 분포한다.
모리슨기 초기의 지형을 특징짓는 모래벌판은 이 무렵에 거의 자취를 감춘다.

다. 이 자갈이 나중에는 바다와 한창 말라 가는 호수 부근의 저지대에 쌓이면서 이곳에 이미 존재하던 퇴적물을 서서히 뒤덮는다. 하천은 막대한 양의 모래와 자갈을 포함하고 있다가 흐름이 느려지거나 물길의 방향이 바뀔 때마다 그것들을 퇴적물로 남긴다. 그 결과 강바닥 이곳저곳에 사퇴(모래 더미)나 사주(모래사장)가 생겨 물의 흐름을 막고, 아예 물길의 방향을 바꾸기도 한다. 그리하여 생겨난 것이 바로 망상 하천이다. 물길 여러 갈래가 모래나 자갈 같은 퇴적물에 막혔다가 곳곳에서 다시 이어지면서 그물코 모양으로 퍼져 나가는 것이다. 물길은 일정하게 흐르지 않고 지그재그로 방향을 바꾸고, 이미 만들어진 사퇴를 침식하여 다른 장소에 퇴적물을 남기기도 한다. 이러한 망상 하천은 항시 물이 흐르지는 않는다. 기후가 특히 건조할 때에는 물길이 마르기도 한다. 하천의 하류는 대개 동쪽과 북쪽인데 이 지역에서는 완만한 경사면이 평평해지기 때문에 망상 하천이 합류하여 한 줄기로 합쳐진다. 개중에는 직선으로 뻗어 나가는 물길도 있다. 이 지역의 풍경 전체를 둘러보면 범람원, 즉 홍수가 일어났을 때 하천에서 넘친 물이 도달하는 범위 안의 평야에 수많은 호수가 점점이 자리 잡은 상태이다. 이렇게 생겨난 강과 호수는 계절에 따라 변하는 산지 근처의 망상 하천과 달리 항시 물이 차 있는 수역을 유지한다.

이 무렵의 기후는 모리슨기 초기 못지않게 건조하다. 저지대에 강이나 호수가 생긴 것은 지하수 덕분이라고 할 수 있다. 이 시기의 탁월풍(특정 방향에서 가장 자주 불어오는 바람)은 지구의 절반을 뒤덮은 대양에서 불어오는 서풍이다. 서풍이 몰고 온 비구름은 해안을 따라 늘어선 산맥의 바람받이 쪽에서 비를 흩뿌린다. 현대에도 미국의 캘리포니아 주나 남아메리카의 칠레처럼 해안 산맥이 있는 곳에서는 이와 똑같은 현상이 나타난다. 비는 바다를 바라보는 경사면 쪽에만 내리기 때문에, 여기서 수분을 다 덜어 낸 구름은 산맥을 넘어가서 반대편 내륙부에 건조한 기후를 조성한다. 이러한 기상 효과를 가리켜 푄 현상이라고 한다. 그러나 모리슨 평야의 기상 조건은 이 정도로 극단적이지는 않다. 훗날 로키 산맥을 형성하는 산들이 이 시기에는 오늘날만큼 높지 않기 때문이다. 비의 상당량은 확실히 산맥 서편의 바다 쪽에 내리지만, 내륙을 향해 흐르는 대기도 아직 물기를 머금고 있다. 이 물기는 산지에서 비로 바뀌는 경우가 많기 때문에 바다에서 부는 바람은 내륙으로 나아갈수록 더 건조해진다. 이렇게 수분이 제거되는 과정을 '레인아웃 rain out'이라고 한다. 모리슨 평야에 도착할 때가 되면 바람이 완전히 건조해지기 때문에 비는 거의 기대하기 힘들다. 그러나 앞서 산지에 내렸던 비는 지면에 스며들어 지하수가 되어 평야로 흘러내린다. 망상 하천이 있는 선상지에서는 물기를 머금은 흙과 암석이 지표면으로부터 아득히 먼 지하에 자리를 잡고 대기보다 압력이 높은 포화대를 형성한다. 이 때문에 망상 하천 지역에 흐르는 물은 퇴적물을 통과하여 땅속 깊숙이 스며들고 그 결과 하천이 말라 버린다. 반면에 산으로부터 멀리 떨어진 평야에서는 포화대의 맨 윗면, 즉 지하수면이 지표면에 가까워지다가 마침내 땅 위로 얼굴을 내민다. 대기가 극히 건조한 모리슨 평야에 식물이 널리 분포하는 이유가 바로 여기에 있다. 말하자면 평야 전체가 사막 속의 널따란 오아시스인 셈이다.

모리슨기 말기에는 내해가 캐나다 남부까지 거의 완전히 후퇴한다. 서쪽 산맥은 성장이 차츰 느려진다. 따라서 대륙 이동에 의한 지각 분열이나 융기 현상 대신 용암이 지하에서 상승하는 현상이 일어난다. 산맥 내부에서는 화강암 지층이 형성되는 한편으로 액체 상태의 마그마가 지표면까지 상승하여 화산을 형성한다. 이러한 화산은 틈틈이 대폭발을 일으켜 깡그리 무너지고 그 자리에는 분화구를 닮은 와지(웅덩이처럼 움푹 팬 땅)가 생긴다. 이러한 지형을 가리켜 칼데라라고 한다. 조산 활동이 둔해지다 보니 서쪽 산맥의 침식 현상도 둔해지고, 모래와 자갈이 흘러가 쌓이는 속도도 덩달아 느려진다. 이 때문에 산의 경사면이나 산기슭의 언덕에서 흘러내린 망상 하천 또한 차지하는 영역이 점점 좁아진다. 서쪽 산맥의 화산 활동이 활발해진 탓에 이 시기의 퇴적물에는 화산재층이 여럿 포함되어 있다. 후기 모리슨 평야의 풍경을 특징짓는 것은 늘 마르지 않고 느리게 흐르는 하천과 호수이다. 호수는 지하수뿐만 아니라 흘러드는 하천으로도 물을 보충한다. 호수에는 물이 빠지

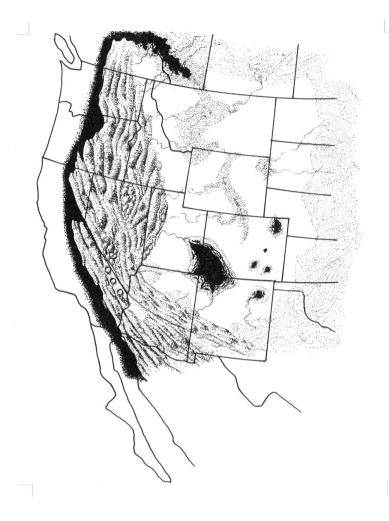

는 곳이 없기 때문에 손실되는 수량은 대기 중으로 증발하는 양뿐
이다. 그 결과 물에 녹아 있던 염분의 농도가 계속 높아져 암염층
이 형성된다. 이 시기의 기온은 그리 높지 않지만 대기는 여전히 건
조하다. 북쪽 멀리 후퇴한 바다의 가장자리에는 나무가 빽빽하게
자란 습지 삼각주가 있는데, 이곳은 훗날 석탄층을 형성한다.

◀ **모리슨층 형성기 후기의 지도**

모리슨층 형성기 후기에 해당하는 기간에는 서쪽 산맥이 이미 심하게 침식된 상태이므로 전과 비교하면 평야에 흘러드는 퇴적물의 양도 적다. 그러나 화산 활동은 활발하기 때문에 평야 전체에 화산재가 수북이 쌓인다.

내해는 벌써 북쪽 저 멀리까지 물러나 있다.

평야 남부에는 거대한 호수가 생겼지만, 이 호수는 건기가 되면 물이 말라 습지로 바뀐다. 동부에는 습지대와 호수가 늘 존재한다.

모리슨 평야 중앙부에서는 퇴적 기간이 끝나감에 따라 넓은 숲과 드문드문 생겨난 습지, 늪지대 등이 나타난다. 이는 비가 많이 내려서라기보다는 지하수면이 지표면 근처까지 상승했기 때문으로 추측된다. 내해 끄트머리에 하천이 만든 삼각주에서는 여전히 숲이 성장하는 중이다. 이 숲은 내해가 이 지역에서 완전히 사라질 때까지 계속 넓어진다.

퇴적물이 층층이 쌓이며 모리슨층을 만든 700만 년 동안 모리슨 평야의 지형 조건은 이처럼 다양하게 변화했고, 이곳에 사는 동식물 또한 서로 다른 일련의 서식 환경을 경험해야만 했다. 이때 가장 중요한 요인은 한 생태계에 물이 존재하는가, 또 그 물은 어디에서 오는가 하는 문제이다. 지표면의 물인가? 지하수면에서 지표로 상승하거나 샘을 통해 뿜어 나온 지하수인가? 강이나 시냇물을 타고 온 물인가? 아니면 그보다는 덜 중요하지만, 혹시 빗물인가?

붉은 모래 언덕 vs 물이 풍부한 고지

모리슨 평야에서 수분이 가장 적은 곳은 모래벌판일 것이다. 모래벌판은 꽤 드문 지형으로서 모리슨기 초기에 평야 남쪽 맨 끄트머리에만 제한적으로 나타난다. 이 지역은 지하수면이 땅속 깊숙한 곳에 있기 때문에 지표면의 상태에 영향을 미치지 못하고, 따라서 생물도 살지 못한다. 이러한 지역이 있었다는 사실은 오늘날 기다란 사암층으로 존재하는 모래 언덕의 흔적을 통해 명확히 밝혀졌다. 이 사암층은 심하게 굴곡이 져 있기 때문에 과거에 모래 언덕이었음을 알 수 있다. 이 지층의 사암은 색이 붉다. 모래 속의 철분이 대기와 반응하여 산화철로 바뀌었기 때문이다. 한마디로, 이곳은 녹슨 사막이었던 것이다!

반면 모리슨 평야 서쪽 끝을 둘러싼 고지는 바다에서 불어온 탁월풍이 자주 비를 뿌린 덕분에 물이 풍부하다. 이 근방은 1년 내내 많은 식물이 자란다. 폭풍우가 불면 식물의 뿌리가 토양을 붙들어 산사태를 방지한다. 식물들은 또한 빗물이 지표면을 타고 흘러가는 것을 막고 대수층으로 유입되도록 돕기도 한다. 대수층에 흘러든 빗물은 지하수와 합류하고, 나중에는 모리슨 평야에 이르러 지표면에 다시 등장한다. 이처럼 늘 물이 풍부한 고지에는 식물이 번성하기 때문에 동물 또한 많으리라고 기대해도 좋다. 저지대에 오랫동안 가뭄이 드는 시기에는 물을 구하러 정기적으로 이동하는 동물들 또한 이 고지를 찾을 것이다.

이주지를 결정하는 포인트!

모리슨 평야의 하천은 크게 두 종류로 나눌 수 있다. 하나는 일시적으로 흐르는 간헐천이고, 다른 하나는 항상 흐르는 영구천이다.

둘 중 더 많이 분포하는 간헐천은 비가 꽤 많이 내리는 시기나 지하수면이 특히 높아지는 시기에만 나타난다. 거북이나 악어는 간헐천에서도 살 수 있지만 물고기는 그럴 수 없다. 물고기에게는 물이 늘 존재하는 수역이 필요하기 때문에 낚시를 하고 싶다면 영구천을 찾아야만 한다. 이러한 사정은 살아가면서 한동안 물고기에 의존해야 하는 조개류 또한 마찬가지이다.

1년 내내 물이 흐르는 영구천은 육상 동물에게도 마실 물로서 중요한 의미를 지닌다. 단, 간헐천 중에는 하천 바닥에 뚫린 구멍이 지하수면까지 이어지는 곳이 많다. 이러한 구멍은 오랫동안 물을 보존할 수 있기 때문에 귀중한 물웅덩이가 되어 준다. 시간을 거스른 모험가들이 이주지를 결정할 때 마실 물의 존재가 중요한 조건이라는 점은 굳이 말할 필요도 없을 것이다. 영구천은 이 조건에 들어맞을 뿐 아니라 멀리 떨어진 다른 이주지와 오고가는 길로도 큰 도움이 된다.

하천은 퇴적물을 운반한다. 앞서 살펴보았듯이 하천의 흐름이 강할수록 운반하는 물질의 양도 늘어난다. 살 곳을 만들 때에는 바위 같은 재료가 필요하다. 그런데 모리슨 평야는 전체가 퇴적물로 이루어져 있다. 그 말은 곧 가공해서 사용할 수 있도록 지표면에 노출된 암석이 없다는 뜻이다. 기반암은 지하 깊숙이 파묻혀 있을 것이다. 그러므로 주거 시설을 세우는 등의 목적에 필요한 광물은 하천의 퇴적물에서 채취하는 수밖에 없다.

커다란 바위는 하천의 유속이 빠른 산기슭에 쌓인다. 한편 망상 하천에서는 질 좋은 모래와 자갈을 채취할 수 있다. 호수나 퇴적

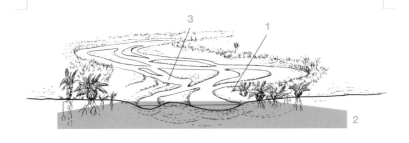

토양에서 채취한 석회석으로 석회를 만들고 여기에 모래와 자갈을 섞으면 콘크리트가 된다. 알이 고운 모래와 석회를 시멘트 1 대 모래 6의 비율로 섞은 다음 여기에 적당한 양의 물을 더하면 다루기 쉬운 모르타르가 만들어진다. 모르타르는 고운 점토 퇴적물로 만든 벽돌의 사이사이를 메워 단단히 고정하는 데 사용한다. 이때 모래는 모래 언덕이 아니라 하천에서 채취하는 것이 좋다. 모래 언덕의 모래는 풍화 작용을 거친 탓에 알갱이가 둥글어져서 서로 맞물리지 않기 때문에, 튼튼한 구조물을 만드는 데에는 적합하지 않다.

모래사장이나 하천가의 둑에서도 금속 같은 원재료를 채취할 수 있는데 이러한 형태의 광물 채취장을 사광砂鑛이라고 한다. 영화를 보면 광부들이 산에서 사금을 채취하는 장면이 나오지 않던가? 얕은 그릇으로 하천 바닥의 퇴적물을 떠서 휘휘 돌리다 보면 무거운 금가루가 모래보다 먼저 그릇 바닥으로 가라앉는다. 이 금가루를 모은 것이 바로 사금이다. 자연도 이와 똑같은 일을 한다. 하천이 휘어진 부분에서는 물의 흐름이 어지러워지기 때문에 가벼운 모래 알갱이는 모두 떠내려가고, 침식 작용이 계속되는 먼 산지의 광맥

◀ **모리슨층 하천 상류를 특징짓는 망상 하천**

1 산맥이 급격히 침식되면 많은 양의 흙모래가 유출되기 때문에 물길이 바뀌는 지점에는 반드시 흙모래가 쌓인다. 이렇게 모래사장이 형성되면 하천의 물길이 여러 갈래로 나뉜다.

2 하천의 물이 밑바닥이나 양쪽 기슭에 스며들어 수량이 줄어든다. 따라서 지하수의 양은 하천의 수량보다 더욱 적어진다. 식물의 뿌리는 하천에 매우 가까운 지역에서만 지하수면까지 닿을 수 있기 때문에 식물이 우거진 지역은 이곳뿐이다.

3 침식된 산으로부터 실려 온 금속 입자는 무게 때문에 더욱 쉽게 분리된다. 이들은 (하천이 범람하는 경우나 만곡부를 지날 때처럼) 유속이 느려지는 곳에서 별개의 층을 이루며 퇴적된다. 금이나 다이아몬드, 주석, 타이타늄 등 유용한 광석을 손에 넣으려면 이런 장소를 찾아보는 것이 좋다.

에서 물을 타고 흘러온 무거운 금속성 광물 알갱이는 대부분 바닥에 가라앉는다. 이렇게 모인 광물은 금뿐만이 아니다. 각종 철광석부터 시작하여 금보다 실용적인 광물의 사광을 찾아보는 것은 충분히 가치 있는 일이다. 이러한 광물은 쥐라기 후기에 가까워질수록 찾기 쉬워진다. 서쪽 산맥의 침식 작용이 계속 진행되어 변성암층이나 화강암층에까지 이르면 금속 광맥이 대기에 노출되기 때문이다. 이렇게 되면 광맥이 비바람에 침식되어 생겨난 광물 입자가 물의 흐름을 타고 평야까지 실려 온다. 그러므로 하천 만곡부의 안쪽에 형성된 모래사장을 찾아보면 좋을 것이다.

흐름이 잔잔한 하천가야말로 최고의 노른자위 땅

하천과 둑 주변 지역을 일컬어 유역 환경이라고 한다. 하천이 운반하는 돌 부스러기의 양은 유속에 비례한다. 기본적으로 하천의 유

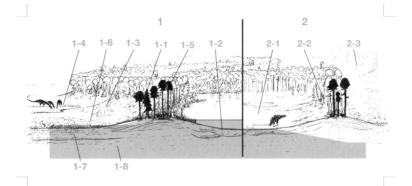

속은 수원으로부터 멀어지면 멀어질수록 느려지기 때문에 하천 바닥에는 퇴적물이 쉬지 않고 쌓인다. 이렇게 쌓인 퇴적물 때문에 저지대에서는 하천 바닥이 쉬지 않고 높아진다. 홍수가 일어나면 하천의 물이 둑을 넘어 평야로 흘러 퍼진다. 이때 하천이 물길을 벗어나 넓게 퍼지면 유속은 급격히 느려지고, 물에 떠 있던 물질은 대부분 그 자리에 가라앉는다. 그리하여 둑은 점점 높아져서 충적 제방이 된다. 하천 바닥이 높아짐에 따라 충적 제방도 높아지기 때문에 하천의 수면은 주위 평야보다 높은 위치에 있는 경우가 많다. 현대에는 예컨대 미시시피 강처럼 큰 하천의 하류 지역에서 이러한 현상이 나타난다. 당신도 모리슨 평야의 하천에서 같은 현상을 볼 수 있을 것이다. 이처럼 주위의 평야보다 하천의 수위가 높은 상태는 확실히 불안정하다. 사실 이러한 수계에서는 하천의 물이 자주 제방을 부수고 주위 평야로 흘러 나간다. 이 과정에서 가라앉은 퇴적물을 결궤(크레바스 스플레이) 퇴적물이라고 한다. 범람한 물은 넓게 퍼지면서 힘을 잃기 때문에 결궤 부분에서 시작하여 부채꼴로

◀ **모리슨층 저지대의 범람원**

1 우기 지하수면이 지표면 가까이 상승한다.
1-1 하천이 둑을 넘어 범람할 때 밑으로 가라앉은 퇴적물이 충적 제방을 형성한다.
1-2 퇴적물이 쌓여 하천 바닥의 높이가 높아지고, 이로써 충적 제방 안쪽의 물은 주위 평야보다 높은 위치에서 흐르게 된다.
1-3 결궤, 즉 제방이 뚫리는 현상 때문에 쌓인 퇴적물. 하천이 충적 제방을 터뜨릴 때 남긴 퇴적물이 선상지를 형성한다.
1-4 충적 제방으로 스며든 물이 샘을 이루어 민물 웅덩이로 흘러든다.
1-5 하천 유역의 둑에는 식물이 무성하게 자란다.
1-6 평야는 키 작은 식물들이 뒤덮고 있다.
1-7 공룡이 평야의 지면을 쉬지 않고 오가기 때문에 지층의 경계가 불분명해진다.
1-8 호수가 증발하여 만들어진 석회암층.

2 건기 지하수면이 낮아진다.
2-1 하천이 말라붙어 곳곳에 웅덩이가 생긴다.
2-2 식물은 땅 위에 드러난 부분이 말라 시든다.
2-3 모래바람이 자주 분다.

모래와 진흙의 층이 형성된다. 때로는 결궤 상태가 쭉 이어지면서 주변의 웅덩이에 지속적으로 물을 보급하기도 한다. 이러한 지역에 퇴적되는 물질은 대부분 모래와 실트이다. 모리슨 평야의 생태계에 가장 크게 기여한 것은 어쩌면 이러한 유역 환경인지도 모른다. 늘 존재하는 물과 시시때때로 토양이 회복되는 땅은 식물이 자라기에 이상적인 조건이기 때문이다. 사실 모리슨 평야에서 가장 큰 나무가 자라고 식물군이 가장 무성하게 우거진 곳 또한 이 지역이다. 오늘날 이러한 퇴적물로 구성된 암석에서 식물 뿌리 화석이 발견되는 것이 바로 그 증거라고 할 수 있다. 주위를 둘러보면 키가 작은 덤불과 지면에 붙어 자라는 식물들이 낮은 층을 형성하고 있을 것이다. 이 부근에서는 토양으로부터 증발하는 수분의 양이 적을뿐더러 큰 나무가 서늘한 그늘을 드리워 주기 때문에 작은 식물이 잘 자랐으리라고 추측된다. 이러한 소형 식물은 조그마한 곤충에서 커다란 초식 공룡까지 다양한 동물에게 숨을 곳과 먹을 것을 제공한다. 이처럼 유역 환경은 갖가지 조건이 안정되어 있기 때문에 당신이 살기에도 가장 적합한 곳이라고 할 수 있다.

범람원에 펼쳐진 초록빛 양치류 바다

범람원은 하천에서 멀리까지 펼쳐지기 때문에 물에서 멀어짐에 따라 식물이 자라는 환경도 변화한다. 평야의 토양은 주로 이따금씩 범람하는 물에 실려 온 자잘한 퇴적물로 이루어진다. 퇴적물은 대기에 노출된 채로 우기와 건기를 번갈아 거치면서, 또는 동물의 발에 밟혀 아래쪽으로 가라앉으면서, 아니면 지표면 아래서 성장하는 식물의 뿌리나 땅속줄기에 시달리면서 더욱 잘게 부서진다. 풀처럼 가느다란 줄기를 가진 식물은 대개 이러한 환경에 분포한다. 이곳의 풍경은 오늘날의 온대 초원이나 열대 초원과 비슷했을지도 모른다. 화석화된 뿌리를 근거로 추정하자면 중간 크기 관목들도 최소한 국지적으로는 무리를 이루고 자랐을 듯싶다. 쥐라기 후기에는 우리가 아는 풀이 아직 출현하지 않았다. 그렇다면 초원 같은 경관을 만든 풀 모양 식물은 과연 무엇일까? 퇴적물에서 발견된 포자 화석을 보면 아마도 양치류가 대부분을 차지했을 것이다. 양치류의 땅속줄기는 멀리 뻗어나가기 때문에, 오늘날의 키 작은 땅속줄기 식물과 마찬가지로 토양 입자를 단단히 붙잡는 데에 도움이 되었을 것이다. 다만 이때에는 우리가 전혀 모르는 식물들이 존재했을 수도 있다. 사실 이곳 생태계에 많이 서식했던 초식 공룡의 배설물 화석은 이들이 무엇을 먹고 살았는지 알려주는 단서이지만, 거기에는 우리가 전혀 모르는 식물의 흔적 또한 많이 남아 있다. 이러한 까닭에 당신 눈앞에 펼쳐진 평야에는 무릎 높이 또는 그보다 더 높이 자란 양치류 식물의 잎이 초록빛 바다처럼 빽빽하게 이어질 테고, 그 바다 곳곳에 높다란 나무가 서 있을 것이다. 멀리 흐릿하게 보이는 키 큰 나무들은 줄지어 자란 모습이 마치 진짜 숲 같다. 줄지어 자란 나무들은 이 평야에 퇴적물을 싣고 온 수로와 그 수로를 따라 만들어진 유역 환경이 어디에 있는지를 보여 주는 표지판이기도 하다.

연못의 점토로 벽돌과 질그릇을 만들자

범람원 이곳저곳에는 호수와 연못이 있다. 이곳에 쌓이는 퇴적물은 얇게 퍼지는 진흙과 점토이다. 민물 연못은 생물이 풍부하게 분포하기 때문에 조개나 물고기, 양서류, 악어 등도 서식한다. 육상 동물들도 물을 마시러 이곳으로 모여든다. 이러한 호수와 연못의 퇴적물에서 발견되는 식물 화석은 주위에 어떤 식물이 살고 있었는지 알려주는 실마리이기도 하다.

　연못처럼 잔잔한 수역에 가라앉는 점토는 결이 곱기 때문에 모험에 나선 이주자에게는 귀중한 천연자원이다. 당장 떠오르는 용도는 흙벽돌, 즉 볕에 말린 벽돌을 만드는 것이다. 벽돌을 만들려면 우선 모래와 점토와 섬유질(식물을 이용하면 된다)을 모래 50퍼센트, 점토 35퍼센트, 섬유질 15퍼센트의 비율로 혼합한다. 식물 섬유는 벽돌을 단단하게 유지할 뿐 아니라 골고루 마르게 한다. 이 혼합물을 반죽하여 적당한 크기의 틀에 채워서 모양을 잡으면 다음은 틀을 제거하고 말릴 차례이다. 모리슨 평야의 기후는 건조하기 때문에 벽돌을 말리기에 이상적이다. 이때 직사광선에 말리면 벽돌에 금이 가므로 그늘에 쌓아 두고 말리도록 하자. 이러한 점토는 열을 흡수하여 유지할 수 있기 때문에 편리하다. 점토로 만든 벽돌은 에스파냐어로 호르노horno라고 하는 가마를 짓는 데에 안성맞춤이다. 이 구조물은 간단히 설명하면 점토로 만든 돔으로서, 속은 비어 있고 높이는 약 50센티미터 정도이다. 돔 옆구리에는 구멍이 뚫려 있다. 이 돔이 있으면 안에 숯을 때서 요리를 할 수도 있고, 장작을 태워 내부를 충분히 가열한 다음 숯이 된 나무를 긁어내고 벽면에 남은 열로 음식을 익힐 수도 있다.

점토가 다 마른 후에 불에 구우면 더욱 튼튼한 벽돌을 얻을 수 있다. 용광로나 도자기 가마처럼 본격적인 작업에 사용하는 가마는 이러한 벽돌로 만드는 것이 좋다.

점토는 그 밖에도 여러 가지 용도가 있는데 그중 대표적인 것이 바로 질그릇의 소재이다. 간단한 질그릇이라면 쉽게 만들 수 있다. 초보자에게 특히 알맞은 방법은 빚어서 만들기와 말아서 만들기이다. 빚어서 만들기는 점토를 둥글게 반죽해서 컵 모양을 만드는 방법이다. 먼저 둥그런 점토 반죽의 한가운데를 엄지로 눌러 홈을 만든다. 그런 다음 반죽을 계속 돌리면서 양손으로 조금씩 테두리를 높여 마음에 드는 모양으로 완성하면 된다. 말아서 만들 때에는 점토 반죽을 조금 떼서 다루기 쉽도록 물을 적당히 더한 다음, 반죽을 손으로 비벼 손가락 굵기의 기다란 끈 모양으로 늘인다. 이것을 둥글게 말아서 먼저 평평한 바닥 부분을 만든 다음, 같은 요령으로 둥글게 말아서 높이 쌓아올린다. 다음 단을 쌓을 때에는 먼저 쌓은 단을 살짝 누르듯이 압력을 가하여 표면을 고르게 한다. 이렇게 만든 질그릇은 너무 급하게 말리면 단과 단을 연결하는 약한 부분을 따라 금이 가기 쉬우므로 다 만들면 바람이 잘 통하는 곳에 두고 천천히 말려야 한다. 시간이 지나 근처의 재료를 활용하여 간단한 장치를 만들 수 있게 되면 녹로를 사용하는 고급 기술에 도전해도 좋을 것이다.

점토로 튼튼한 그릇을 만들고 싶다면 가마에 구워야 한다. 가마에서 구우면 점토가 더욱 단단하게 굳기 때문이다.

이렇게 만든 그릇은 다공질, 즉 미세한 구멍이 많이 뚫린 재질이 된다. 무더운 곳에서는 이러한 성질이 오히려 이점이 된다. 마실 물을 부어 놓으면 시원해지기 때문이다. 점토 그릇에 담긴 물은 미세한 구멍을 통과하여 그릇 바깥으로 흘러나와 증발한다. 이렇게 증발하는 과정에서 그릇 안의 열을 빼앗기 때문에 안에 든 물이 시원해지는 것이다. 하지만 그릇이란 자고로 물을 통과시키지 않는 편이 더 좋다. 따라서 보통은 그릇을 만들 때 유약을 입힌다. 그러나 유약을 발라서 구우려면 가마 안이 고온을 유지해야 하는데, 여기에는 고난도의 기술이 필요하다. 이때 가장 간단한 방법은 소

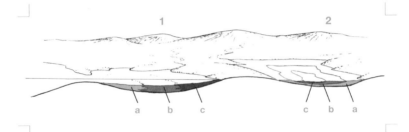

금을 사용하는 것이다. 뜨겁게 가열한 가마 안에 소금을 뿌리면 소금이 기화하여 가마에 들어가 있는 그릇의 표면에 들러붙는다. 다만 소금이 얼룩을 만들지 않고 고르게 부착된다는 보장이 없을 뿐 아니라, 이렇게 하면 가마를 다른 용도로 쓸 수 없게 된다. 그러므로 송진이나 동물 지방처럼 물을 잘 통과시키지 않는 재료를 그릇에 바르는 편이 무난할지도 모른다.

연못의 점토는 당신이 처음으로 발견하는 광물 자원일 것이다.

석회질 호수가 있으면 콘크리트도 만들 수 있다

모리슨 평야에는 석회질이 풍부한 호수가 드물지 않게 분포한다. 이러한 호수가 특히 많은 곳은 북쪽의 저지대이지만 평탄한 지대를 흐르는 하천 주위에서도 볼 수 있다. 주위에서 발견되는 발자국으로 미루어보아 주변 평야의 동물에게는 이 호수가 귀중한 마실 물이었으리라고 추측된다. 게다가 거의 수중 목장 같은 분위기를 띨 만큼 수중 식물도 많기 때문에, 초식 공룡에게는 안성맞춤인

◀ **물이 증발한 자리에 남은 퇴적물**

1 내해 주변부 높은 온도와 건조한 대기 때문에 표면의 물이 증발하면 곧바로 새로운 수분이 유입된다.

2 외따로 존재하는 호수

a 석회암 퇴적층 수분이 증발하면서 맨 먼저 형성된다. 내해 주변부뿐만 아니라 증발 호수 주변부에도 나타난다. 시멘트 제조나 철 정련에 도움이 된다.

b 황산칼슘(석고) 퇴적층 기존 수량이 15퍼센트 정도 증발한 단계에서 형성된다. 회반죽 같은 건설 재료를 만들 때 유용하다.

c 소금을 비롯한 수용성 화합물 퇴적층 증발 과정에서 마지막으로 남는 고체이므로 내해 주변부의 바깥쪽이나 증발 호수 중심부에 퇴적된다. 식량 보존에 필요한 소금은 이곳에서 구할 수 있다. 염화마그네슘이나 염화칼륨, 염화나트륨 등 보기 드문 염기 화합물을 비롯하여 붕산염이나 플루오린화물 등 화학 공업을 시작할 단계에 이르렀을 때 귀중한 재료가 되는 화합물도 얻을 수 있다.

식량 공급처라고 할 수 있다.

이러한 호수 몇 군데에 생성된 석회석은 모리슨 평야의 정착지를 더욱 강화하는 근대적 수단을 손에 넣고자 할 때 도움이 된다. 석회석은 원래 물속에 녹아 있던 탄산칼슘이 굳어서 생긴 층이다. 주위의 흙 속에 존재하는 석회 덩어리도 도움이 될 것이다. 지하수가 지표면으로 상승하여 증발하는 과정에서 물속에 녹아 있던 탄산염이 방출되어 둥그런 모양의 덩어리, 즉 단괴가 만들어지는데 이 단괴가 층을 형성하게 된다. 단괴는 골프공만 한 것부터 야구공만 한 것까지 크기가 다양하며 오늘날 인도의 건조 지역에서는 쿤쿠르kunkur, 아프리카에서는 하드팬hardpan, 에스파냐어로는 칼리치caliche라는 이름으로 알려져 있다.

자연 상태의 석회석으로 시멘트를 만들려면 섭씨 1400도의 고열을 낼 수 있는 열원이 필요하다. 곱게 간 석회석과 점토를 이 정도

온도로 가열한 가마에 넣으면 갖가지 광물 성분이 분해된다. 이산화탄소와 수분이 증발한 후에는 물 분자가 전혀 없는 재가 남는다. 이 재를 갈아서 가루로 만든 다음 섞어서 사용하고 싶은 장소로 옮긴다. 사용할 때 물을 더하면 새로 수화물이 만들어져 결정 상태를 이루는데, 이 결정들은 서로 끌어당겨 단단하게 굳는다. 보통은 모래와 자갈을 섞으면 이 성분을 핵으로 삼아 결정이 응결해서 매우 단단한 물질이 만들어진다. 이것이 바로 콘크리트이다. 이 공정에 필요한 원재료인 석회석과 점토는 보통 석회질 호수에서 함께 구할 수 있다.

죽음의 호수에서 고기 보존용 소금 확보하기

생물이 살기에 부적합한 호수도 있다. 하천 상류 지역에 생기는 염호가 바로 그런 장소이다. 이러한 염호 중에는 염분 농도가 너무 높아서 생물이 아예 못 사는 곳도 있다. 염호의 물에 녹아 있는 독성 광물 성분은 대부분 가까운 서쪽 화산으로부터 날아 온 화산재에 의해 생성된다. 비가 유난히 많이 내리는 시기에는 근처의 하천으로부터 깨끗한 물이 흘러들어 이러한 염호도 생기를 되찾는다. 이 시기에는 물가에 식물이 자라고 수생 동물이 자리를 잡는가 하면, 대형 공룡들도 물을 마시러 이곳을 찾는다. 그러나 얼마 안 있어 물이 증발하기 시작하면 호수는 다시 황량한 모습으로 돌아간다. 이 같은 호수의 퇴적물에서도 공룡 화석이 몇 점 발견되기는 했지만, 이는 아마도 평지의 가뭄을 못 이긴 공룡이 별 수 없이 염호의 물을 마시고 죽었기 때문이라고 추측된다.

당신에게 이 넓은 웅덩이는 고기 등을 보존할 때 사용할 소금을 구하는 데에 도움이 될 것이다. 모리슨 평야를 탐험할 때에는 이런 식의 자원 공급처를 잘 기억해 두는 편이 좋다.

삼각주 습지 vs 말라붙은 만

북쪽 저 멀리, 점점 물러나는 바다의 가장자리에서는 지하수면이 늘 지표면 위에 드러나 있다. 크고 작은 하천들은 이곳에서 차츰 평야를 벗어나 식물이 무성한 삼각주를 형성한다. 식물이 빽빽이 자란 곳은 얼핏 열대 우림처럼 보이지만, 실은 그렇지 않다. 전과 다름없이 비가 거의 내리지 않기 때문에 이곳의 물은 대부분 땅속에서 올라온 지하수이다. 북쪽으로 이만큼 올라오면 기후가 슬슬 서늘해지므로 증발하는 수분의 양이 줄어들고, 따라서 식물이 사용할 수 있는 물의 양은 늘어난다. 시들어 죽은 식물은 부패할 틈도 없이 퇴적물에 파묻힌다. 이렇게 시든 식물이 몇 겹씩 쌓이면 두꺼운 이탄층이 형성된다. 현대에 가까워질 무렵에는 이 이탄층이 석탄이 된다.

북쪽 내해 주변에는 해안선이 육지 쪽으로 활처럼 휘어져 넓은 바다로부터 분리된 만※이 군데군데 분포한다. 이곳에 갇힌 바닷물이 증발하면 물속에서 짠맛을 내던 염분과 석고 같은 성분이 남는다. 여기에는 아무것도 자라지 않는다. 생물이 살기에는 가장 부적합한 장소이지만, 수공업 기술이 필요한 단계에 들어선 당신에게 이곳은 귀중한 화학 물질 공급원이다. 이런 유형의 만에서는 각종 물질이 정해진 순서에 따라 결정 형태로 응고되는데 이러한 현상을 석출析出이라고 한다. 맨 먼저 석출되는 결정은 탄산칼슘처럼 물에 가장 안 녹는 물질이다. 물이 증발하기 시작하면 탄산 화합물은 웅덩이 바닥에 석회석층을 형성한다. 증발 과정이 지속되면 다음으로 석고가 석출된다. 그리고 마지막, 세 번째라고 할 수 있는 소금과 암염이 석출된다. 웅덩이에는 화학 물질이 용해된 범람수가 계속 흘러들기 때문에 이러한 광물층은 점점 두껍게 쌓여간다. 기본적으로 탄산 화합물층은 만의 입구 근처에, 암염층은 더 얕은 물가에, 석고층은 그 둘 중간에 만들어진다.

결정체의 모양 같은 단서를 통해 석고를 구별할 수 있으면 집을 지을 때 큰 도움이 된다. 회반죽의 원재료가 바로 석고이기 때문이다. 석고는 가마에 넣고 약 170도로 가열하여 결정 구조 안의 수분을 대강 날려 보내면 화학 반응을 일으키기 쉽게 활성화된다. 필요할 때 여기에 물을 부으면 결정이 커지면서 서로 결합하여 단단해진다. 얇은 나뭇조각으로 뼈대를 세우고 석고를 바르면 튼튼한 벽이 만들어진다. 모리슨 평야에서는 바다가 북쪽으로 물러남에 따라 일반적인 퇴적물이 이런 종류의 퇴적물을 뒤덮어 가지만, 조금 깊이 파 들어가면 찾을 수 있을 것이다. 굳이 먼 북쪽까지 채취하러 갈 필요는 없다.

바다에 터를 잡기에는 아직 너무 이르다

마지막은 바다이다. 북쪽으로 후퇴하는 바다는 어디까지나 내해이기 때문에 짠물과 민물이 섞여 염분이 적은 물, 즉 기수汽水의 성질을 띤다. 이곳에는 굴이나 암모나이트 같은 조개류가 살고 있다. 어쩌면 이러한 생물들이 어업 발달의 실마리가 될 수도 있겠지만, 바다는 쾌적하게 살 수 있는 이주지로서는 아직 한참 부족하다.

모리슨 평야는 이렇게 생활 환경이 광대하고 조건도 다양하기 때문에 적절한 이주지를 찾기가 쉽지 않다. 우기에는 그나마 평온하게 살 수 있을 테지만, 건기가 되면 고생할 일이 많아져서 어디 멀리 기후가 좋은 곳으로 피난해야 할지도 모른다. 이주지를 고를 때에는 이런 점들까지 고려하지 않으면 안 된다.

3장

쥐라기 후기,
식생활의 첫걸음은 식용 식물 찾기

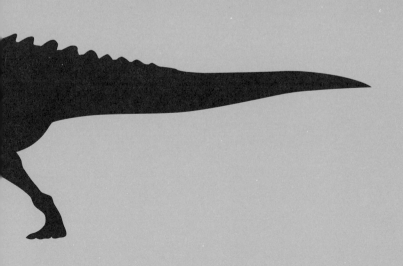

쌀, 밀, 옥수수는 아직 등장하지도 않았다

모리슨 평야는 지리적으로 매우 넓기 때문에 서로 다른 여러 가지 서식지와 서식 환경을 망라한다. 서식지마다 독자적인 생태계가 있고, 이들 생태계는 저마다 제 땅에 자란 식물에 의해 유지된다. 식물은 대기 속의 이산화탄소(쥐라기 후기에는 대기 중 이산화탄소 농도가 매우 높았다)와 흙 속의 영양소를 빨아들인 다음, 이렇게 흡수한 물질을 태양 에너지를 이용하여 자기 몸의 구성 성분이나 영양분으로 변환한다. 그럼 당신이 발견할 것으로 추측되는 식물을 몇 가지 예로 들어 식량이나 쓸모 있는 자원이 있을지 어떨지 알아보도록 하자.

당신에게 가장 중대한 문제는 무엇일까? 바로 현대인의 주식은 대체로 풀, 그중에서도 밀, 옥수수, 쌀, 보리, 귀리, 기장처럼 볏과에 속하는 풀인데, 우리가 흔히 풀이라고 부르는 초본 식물은 지금 당신이 있는 쥐라기로부터 수천만 년이 지나서야 비로소 등장

95

한다는 사실이다. 백악기의 초식 공룡이 풀과 비슷한 식물을 어느 정도 섭취했으리라고 추측할 만한 흔적은 남아 있다. 그러나 온대 지역의 프레리나 열대 지역의 사바나처럼 넓디넓은 초원을 보려면 신생대(6500만 년 전~현재) 중반까지 기다려야 한다. 어쨌거나 당신이 주식으로 삼을 만한 풀이 모리슨 평야에 없다는 것만은 확실하다. 그렇다면 뭔가 다른 것을 찾지 않으면 안 된다.

아마도 가장 큰 나무인 침엽수가 눈에 띌 것이다. 이런 나무는 현대에도 존재하는 원시 침엽수와 닮았다. 현존하는 칠레 소나무 또는 세쿼이아(레드우드)와 같은 과의 나무이지만 종과 속은 다르다. 익숙하지 않은 식물을 먹어야 하는 상황에서는 늘 그렇듯이 이때에도 입맛에 맞을지, 또 먹어도 탈이 안 날지 알 때까지는 상당한 시행착오를 거쳐야 한다. 하지만 현대의 지식을 토대로 유추해 보면 어느 정도는 실마리를 찾을 수 있을 것이다.

현지의 동물이 먹는 대로
냉큼 따라 먹으면 위험하다!

'여기 사는 동물이 먹는 거라면 내가 먹어도 괜찮겠지.' 무턱대고 이렇게 생각하는 사람도 있겠지만, 그것은 위험한 착각이다. 동물은 저마다 자기만의 먹을거리에 맞는 생리 조직을 지니기 때문에 경우에 따라서는 특정한 독소를 몸속에서 중화하는 일이 가능할지도 모르기 때문이다.

식물을 구성하는 화합물은 크게 둘로 나뉜다. 하나는 1차 대사산물이고 또 하나는 2차 대사산물이다.

1차 대사산물은 모든 식물에 공통적으로 존재하며 식물이 살아가고 기능하는 데에 반드시 필요한 물질이다. 여기에는 단백질, 당을 함유한 탄수화물, 지질, 유분 등이 포함된다. 1차 대사산물은 당신이 먹어도 안전할 뿐 아니라 중요한 영양분이기도 하다.

2차 대사산물은 종류가 더욱 다양하고 기능과 분포 양상 또한 제각각이다. 그중 대부분은 독성이 있어서 식물이 자기 몸을 지키는 용도로 사용하기도 한다. 2차 대사산물에는 알칼로이드, 사이안, 렉틴, 옥살산염을 비롯하여 갖가지 복잡한 물질들이 포함된다. 이러한 물질은 기본적으로 적은 양을 먹었을 때에는 별로 해롭지 않지만 많이 섭취하면 중독사할 위험이 있다. 그러나 모리슨 평야에는 안전한 식물도 여러 종 있으리라고 추측된다. 필수 불가결한 식량이 되어 줄 식물도 여럿 있을 테지만, 그보다는 독은 없을지언정 아무 쓸모도 없는 식물이 더욱 많을 것이다. 어쩌면 모리슨 평야에서는 중독보다 소화 불량이 더 큰 문제일 수도 있다.

아쉽게도 화학 실험실을 등에 지고 모험에 나설 수는 없는 노릇이므로 식물에서 해가 되는 성분을 화학적으로 분석해 낼 가능성은 거의 없다. 그러니 현대 세계에서 눈에 익은 식물과 닮은 것들을 찾는 편이 현명할 것이다. 꽤 비슷한 식물을 찾으면 현대 세계의 어느 지역에서 그것과 닮은 식물을 식용으로 삼는지, 또 식용으로 삼는다면 어떤 식으로 처리하는지 등을 떠올려 보자.

20킬로그램짜리 열매가 떨어진다, 조심!

키가 유난히 큰 나무들 가운데 아라우카리옥실론Araucarioxylon이라는 나무가 있다. 바로 현대의 칠레 소나무에 해당하는 나무이다. 현존하는 나무들은 대개 밑씨가 씨방 안에 싸여 있는 속씨식물로서 꽃을 피워 번식하는 종자식물에 속한다. 속씨식물의 밑씨는 닫힌 구조 안에서 성장한다. 사과의 씨앗이나 호두의 단단한 껍데기를 떠올려 보라. 나머지 나무들은 겉씨식물에 속하는데 그 대표 격이 바로 침엽수이다. 침엽수의 씨앗은 구과(비늘 모양 조각이 여러 개 겹쳐져 만든 둥그런 열매)의 비늘에 붙어 대기에 노출된다. 중생대(트라이아스기, 쥐라기, 백악기)에는 침엽수가 나무들 가운데 가장 우세한 종이 되어 전 세계의 다양한 생태계에 걸쳐 존재한다. 속씨식물이 세력을 키워 겉씨식물의 자리를 대신하기 시작한 것은 백악기에 들어선 후의 일이다. 속씨식물은 우선 손쉽게 차지할 수 있는 생태 지위를 닥치는 대로 점거한 다음, 번식이 곤란한 지역을 피하여 한층 비옥한 장소를 찾아 퍼져 나갔다. 이미 오랜 기간 정착하고 있던 겉씨식물들은 남은 변경으로 후퇴할 수밖에 없었다. 현대의 침엽수들이 높다란 고지나 산의 경사면에 많이 분포하는 것도 이러한 이유 때문이다. 지금 당신이 있는 쥐라기에는 어디에나 겉씨식물이 자라고 있지만 말이다.

칠레 소나무는 트라이아스기의 화석에도 등장할 만큼 몹시 오래된 침엽수이다. 과학적 관점에서 보면 칠레 소나무를 아라우카리옥실론이라고 부르는 것은 옳지 않다. 아라우카리옥실론이란 형태속形態屬의 명칭 가운데 하나로서, 형태상 비슷한 특징을 지닌 나무 화석에 부여하는 이름이기 때문이다. 아라우카리옥실론의 경우 형태상의 특징이 현존하는 아라우카리아Araucaria, 즉 남양삼나무속과 매우 비슷하기 때문에 뒤에 옥실론oxylon(나무를 뜻하는 그리스어 크실론xylon에서 비롯된 접미사)이 붙어 형태속의 명칭이 되었다. 따라서 특정한 종의 나무를 가리키지는 않지만, 여기서는 나무 화석이 아니라 나무 그 자체를 가리키는 명칭으로 사용하고자 한다.

아라우카리옥실론의 특징 가운데 곧바로 눈에 띄는 것은 바로 잎이다. 이 잎은 폭이 넓고 끄트머리가 뾰족해서 전체 모양이 칼날 같은 세모꼴이며, 동물 가죽처럼 단단하다. 침엽수라고 하면 바로 떠오르는 바늘 모양의 가느다란 잎하고는 전혀 다르다. 이 나무들이 진화한 시기는 키 큰 나무를 먹이로 삼는 초식 공룡이 출현한 시기와 겹치기 때문에 공룡에 대항하려고 강력한 방어 구조를 갖추었으리라 여겨진다. 나무껍질은 대체로 부드럽지만 성장을 거듭한 두꺼운 나무껍질에는 떨어진 잎이나 가지의 흔적이 남는다. 지면에 가까운 나무껍질의 경우 시간이 흐르면 깊은 주름이 생기는데 이 때문에 처진 피부 같은 인상을 주게 된다. 이처럼 주름진 밑동은 날마다 나무 곁을 지나다니는 대형 초식 공룡의 발과 꼭 닮았다.

현대에 남아 있는 아라우카리아의 대표적인 수종은 칠레의 안데스 산맥 경사면에만 자생한다. 또 하나의 종, 즉 카우리 소나무의 자생지는 오스트레일리아와 뉴질랜드, 태평양의 여러 섬 등 습도가 높은 해안 지역에 한정된다. 그러나 기후만 맞으면 세계 전역에

서 재배할 수 있기 때문에 정원이나 공원을 장식할 용도로 심는 경우가 매우 흔하다. 현존하는 아라우카리아는 암수딴그루이므로 모리슨 평야의 여러 나무들이 이와 다르리라고 추정할 근거는 전혀 없다.

자, 당신이 모리슨층의 드넓은 평야에 서 있는 지금, 주변에 가장 많이 보이는 키 큰 나무들은 바로 이 칠레 소나무의 조상이다. 저 멀리, 이 평야에서도 유난히 널따란 강을 따라 유역 식물군이 무성하게 자라 있다. 멀리서 보면 똑바로 이어지는 나무 울타리처럼 보이지만 실은 구불구불한 강둑이다. 이 부근의 식물군 가운데 대부분을 차지하는 관목이 빽빽한 하층을 구성하고, 머리가 덥수룩

◀ **모리슨층에서 가장 키가 큰 나무**

1 쿠프레스옥실론 Cupressoxylon**의 전체 모습과 가지** 조그마한 비늘 모양 잎이 나 있고 끄트머리에 꽃이 맺혔다. 현존하는 세쿼이아의 조상이다.

2 아라우카리옥실론의 전체 모습과 가지 칼날처럼 넓적한 잎과 꽃이 보인다. 현존하는 아라우카리아(남양삼나무)와 칠레 소나무의 조상이다.

※ 크기를 가늠하기 쉽도록 사람을 그려 넣었다.

한 아라우카리옥실론은 저 위에서 이 관목들을 내려다보고 있다. 눈을 돌려 둘러보면 커다란 호수의 기슭에도 아라우카리옥실론이 무리 지어 자라 있을 것이다. 크기로 미루어 보아 나이가 수백 살은 될 듯싶다. 이곳의 나무들은 호수가 수분을 제공한 덕분에 그동안 쑥쑥 자랄 수 있었을 것이며, 따라서 이 호수는 틀림없이 영속적으로 존재했을 것이다. 이들 나무의 모양에는 특징이 있다. 쭉 뻗은 줄기는 30미터 넘게 이어지고, 가지는 높은 곳에서 넓게 퍼져 수관樹冠, 즉 잎과 가지가 무성한 부분을 형성하는 것이다. 수관 꼭대기는 둥그런 돔 모양이지만 그 아래는 들쑥날쑥하다. 잎이 빈틈없이 돋은 탓에 가지가 부자연스러울 만큼 굵게 보인다. 줄기 가운데 나지막한 부분에는 가지가 없고, 위쪽 가지의 잎은 초식 공룡이 목을 쭉 뻗어도 닿지 않을 만큼 높은 곳에만 돋아 있다.

현대 세계에 사는 우리에게 칠레 소나무의 씨앗은 식용으로 적합하다. 이 씨앗은 크기가 커서 다루기도 쉽다. 나무에 맺힌 구과 중에는 야구공만큼 커다란 것도 있다. 쥐라기의 침엽수도 상당수가 이와 같다면 귀중한 식재료가 될 것이다.

구과는 아득히 높은 곳의 어린 가지 사이에 열려 있기 때문에 나무에서 직접 따기는 힘들다. 그러므로 알아서 떨어지기를 기다릴 수밖에 없을 것이다. 단, 여기에는 위험이 따른다. 오스트레일리아에서는 여름이 끝날 무렵이 되면 공원의 칠레 소나무에서 구과가 떨어지는데, 이때 무려 20킬로그램이나 되는 구과에 맞아 두개골이 골절되는 사람도 많다고 한다.

구과를 모으는 일이 순조롭게 끝났다면 가능한 한 서둘러 씨앗을 빼야 한다. 늑장을 부렸다가는 곰팡이가 피어 버리기 때문이다. 씨앗 한 개는 엄지손가락 정도 크기이며, 날것 그대로도 먹을 수는 있지만 맛은 별로이다. 아마도 모닥불에 구워 먹는 방법이 최선일 것이다. 씨앗에 열을 가하면 커다란 '펑!' 소리와 함께 알맹이가 껍질에서 튀어나온다. 10분 정도 물에 삶아도 좋다. 삶으면 껍질을 벗기기가 쉬워지기 때문이다. 불로 가열한 씨앗은 부드러워질 뿐 아니라 향도 그윽해진다. 반면에 오스트레일리아 원주민들은 칠레 소나무의 생 씨앗을 땅속에 묻어 둔다. 이대로 몇 달이 지나면 씨앗이 싹을 틔워 굵은 뿌리를 내민다. 이 뿌리에는 영양분이 듬뿍 들어 있다.

건축 자재로 유용한 세쿼이아

이 지역에서 자라는 또 하나의 키 큰 침엽수는 세쿼이아의 일종이다. 이 나무 역시 쿠프레스옥실론이라는 형태속 이름으로 알려져 있다. 이러한 명칭이 붙은 까닭은 이 나무의 화석이 어느 모로 보나 현존하는 세쿼이아와 비슷하기 때문이다. 이 나무의 생김새는 당신이 아는 현대의 세쿼이아(거대한 레드우드)와 비슷하므로 모리슨 평야에서도 쉽게 찾을 수 있을 것이다. 멀리까지 빙 둘러보았을 때 눈에 띄는 가장 큰 나무 가운데 하나로서, 곧게 뻗은 줄기는 높이가 60미터나 되고 수관의 모양새는 칠레 소나무와 비교하면 원뿔에 더 가깝다. 가지는 수평으로 길게 자라는데 끄트머리가 살짝 아래로 처진다. 어린 나무의 잎은 당신의 엄지손가락 정도 길이에 평평한 모양새이지만, 나이 든 나무의 수관 부근에 돋은 잎은 크기가 더 작고 모양도 비늘과 비슷하다. 나무껍질은 매끈하고 부드러운 섬유질이다.

이 나무에는 크기가 작은 구과가 열리는데 그 속의 씨앗은 더욱 조그맣다. 어쩌면 당신은 이렇게 생각할지도 모른다. '나무는 이렇게 큰데 씨앗이 작다니, 식량으로는 별 쓸모가 없군.' 그러나 현대에도 침엽수의 종류에 따라 어린잎을 찻잎 대용으로 쓰기도 한다.

비록 식량으로 이용할 수는 없다 하더라도, 현대 세계에서 세쿼이아는 건축 자재로 매우 유용하다. 가볍고 흠이 잘 안 생길 뿐 아니라 나뭇진이 거의 없어서 불에도 잘 안 타기 때문이다. 다 자란 세쿼이아는 결이 무르기 때문에 쓸 수 없지만 어린 나무는 목조 주택의 구조를 짜기에 가장 적합한 재료이다. 현대 세계에서도 코스트레드우드(세쿼이아)는 수명이 길기로 유명해서 북아메리카에서는 가장 중요한 목재용 수목이기도 하다. 이 나무는 철도를 건설하기 시작할 무렵에 침목으로 사용되었으며, 150년이 지난 현재에도 여러 가지 용도로 다시 이용되고 있다.

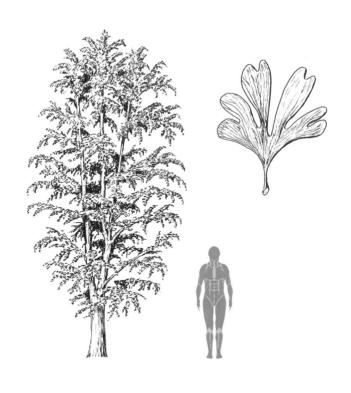

은행나무―저지방 고단백 영양 공급원

은행나무는 침엽수만큼 거대하지는 않지만 그래도 키 큰 나무 가
운데 하나이다. 현대의 은행나무는 중국에 자생하는 종이지만 장
식용 수종으로 세계 각지에서 재배된다.

　은행나무는 굉장히 오래된 종으로서, 가장 오래된 표본은 쥐라
기 후기로부터 1억 년 전인 페름기까지 거슬러 올라간다. 이 나무
는 현대에는 이미 멸종한 고사리 속의 종자식물에서 진화했을 가

당시의 표준에 해당하는 은행나무. 전체 모습은 현대의 은행나무를 토대로 재구성했다. 모리슨 평야에는 각종 은행나무가 존재했으리라고 추정된다. 그중 대부분은 현존하는 종과 마찬가지로 부채꼴 잎이 달려 있다. 위쪽 그림처럼 잎에 깊숙이 홈이 팬 종도 있을 것이다.

능성이 있으며 소철류가 가장 가까운 친척으로 추정된다. 모리슨층 형성기인 지금, 은행나무는 전 세계에 분포하며 전성기를 누리는 중이다. 백악기에 들어서면 은행나무는 새로이 등장한 종자식물에 밀려 쇠퇴하기 시작한다. 이때부터 은행나무는 화석 기록으로부터 모습을 감추었고, 현재 자생하는 종은 아시아의 외딴 지역에서만 제한적으로 자란다.

은행나무는 원래 있던 가지에서 어린 가지가 무작위로 나뉘어 자랄 뿐 아니라 이파리가 무리지어 돋은 부분은 깃털 모양이기 때문에 멀리서도 쉽게 알아볼 수 있다. 은행나무 이파리는 가까이에서 보면 독특한 부채 모양이다. 중생대의 은행나무 종은 현대의 종보다 이파리의 홈이 깊이 팬 경우가 많다. 이 부근의 은행나무는 침엽수와 마찬가지로 지면에 가까운 잎을 초식 공룡에게 따 먹혀 버렸을 것이다. 따라서 나뭇가지는 꽤 높은 곳에만 나 있을지도 모른다.

은행나무는 꽃을 피우는 경우가 드물지만, 일단 꽃이 피고 나면 살구와 비슷한 노란색 열매가 맺힌다. 열매는 단단한 씨앗과 이것을 둘러싼 과육 모양의 겉껍질로 이루어진다. 겉껍질은 곧바로 제거하지 않으면 썩어서 독특한 악취를 피운다. 씨앗은 불에 볶으면 속이 익어서 연한 초록빛으로 변한다. 맛은 감자와 밤의 중간이라고나 할까. 지방 성분은 고작 3퍼센트 정도이고 단백질이 풍부하며, 녹말풀의 재료로 사용할 수도 있다. 씨앗 껍질에 포함된 화학 물질은 과민 반응을 일으킬 수도 있으므로 먹으면 안 된다. 따라서 씨앗 껍질은 미리 제거하는 편이 좋은데 이때 열을 가하면 더 쉽게 벗길 수 있다. 씨앗 자체 때문에 탈이 날 수도 있으나 너무 많이 먹지만 않으면 괜찮다.

은행 씨앗을 불에 익힌 다음 잘게 으깨어 걸쭉한 상태로 만들면 죽이나 수프의 재료가 된다. 잎을 사용하여 차를 끓이는 일도 가능하다. 은행잎의 활성 성분은 수용성이기 때문에 뜨거운 물에 우려낼 수 있다. 우선 잎을 잘게 썰어 뜨거운 물에 넣고 7~8분 기다렸다가 걸러 내면 된다. 차 맛은 1년 중 어느 시기의 잎을 사용했는지에 따라 씁쓸하기도 하고 은근히 달기도 하다. 이는 은행나무가 계절에 따라 당분을 축적하기 때문이다. 모리슨 평야에서도 계절에 따라 맛이 달라지는지 어떤지 오늘날에는 알 수 없으므로 현지에 가 있는 당신이 직접 시험해 보는 편이 좋을 것이다.

지금까지 모리슨 평야에서 만나게 될 주요한 나무들을 살펴보았다. 건축 자재나 연료가 필요할 때에는 이 나무들을 찾아보면 좋을 것이다.

나무를 사용한 연료 가운데 가장 귀중한 것은 바로 숯이다. 숯이란 기본적으로 나무줄기 속의 단단한 부분, 즉 목질木質 부분을 구워서 타르 같은 휘발 성분을 제거한 것이다. 이렇게 하면 목질 그대로일 때보다 높은 온도에서 타기 때문에 훌륭한 연료가 된다. 숯이 타는 온도는 보통 섭씨 1100도에 이르기 때문에 요리뿐만 아니라 광석을 녹여 정련할 때에도 사용할 수 있다. 숯의 성분 가운데 약 90퍼센트는 순수한 탄소이다. 숯 1톤을 만드는 데 들어가는 목질 재료의 양은 5톤이나 된다. 따라서 숯을 굽는 시설은 생나무를 모으는 곳 바로 옆에 만드는 것이 가장 좋다. 전통 숯 제조법은 돔 모양의 가마에서 나무를 굽는 것이다. 우선 지름이 5미터쯤 되는 야트막한 구멍을 판 다음 여기에 숯으로 만들 장작을 쌓는다. 이때 장작은 중심점을 향해 기대어 세우듯이 쌓아 올려 1~2미터 높이의 돔 모양으로 만들어야 한다. 그다음은 양치류와 점토를 많이 섞은 흙으로 이 장작더미를 뒤덮어 바깥 공기를 차단하고 장작에 불을 붙인다. 돔 옆구리에는 바람구멍을 뚫어 연소에 필요한 바깥 공기가 잘 통하도록 한다. 연소 중에 발생한 연기와 가스는 위쪽 구멍으로 빠져나간다. 돔에 들어가는 공기의 양을 잘 조절하면 장작더미는 완전 연소 상태에 이르는 대신 휘발성 성분만 타서 날아가게 된다. 이것을 며칠 동안 계속한 후에 돔을 해체하고 물을 뿌려 연소를 멈추면 숯이 완성된다.

이때 한 가지 주의할 점이 있다. 현대에는, 특히 유럽에서는 숯 굽기가 삼림 벌채의 심각한 원인으로 지목된다. 그 대책으로 도입한 것이 바로 맹아갱신, 즉 나무를 뿌리 근처에서 자른 다음 그루터기에서 돋은 새 가지를 몇 년마다 자르는 방법이다. 그러나 이 방법으로 효과를 거둘 수 있는 수종은 속씨식물뿐이기 때문에, 성장이 느린 침엽수림에서 너무 넓은 범위에 걸쳐 숯 굽기를 진행했다가는 장기적으로 심각한 영향을 초래할 위험이 있다.

나무로 집을 짓는 기술 또한 중요하다. 우리 선조들은 집 근처

의 나무에서 목재를 얻어 집을 지었다. 이러한 사정은 모리슨 평야
에서도 비슷할 것이다. 목조 가옥 가운데 가장 단순한 형태는 벌
집 모양 오두막이다. 원뿔형 꼭대기를 아래 부분이 돔 모양으로 둘
러싼 형태가 벌집을 닮았기 때문에 이렇게 부른다. 벌집 모양 오두
막을 지으려면 우선 집터 한가운데에 통나무를 한 대 세운 다음,
여기에 통나무 몇 대를 비스듬히 기대어 세우고 단단히 붙들어 매
어 고정시키면 된다. 이보다 조금 더 품이 드는 공법으로는 용마
루를 세우는 방법이 있는데 이렇게 하면 머리 위 공간에 여유가 생
긴다. 이 방법으로 오두막을 지으려면 우선 통나무를 뒤집힌 쐐기
모양으로 묶어 틀을 만든 다음, 용마루로 사용할 통나무의 양쪽
끝을 이 쐐기 모양 틀로 고정한다. 그런 다음 통나무 몇 대를 양
옆에 덧대고 경사면을 방수성 소재로 덮으면 된다. 여기까지 터득
했다면 다음은 크럭^{cruck} 공법에 도전할 차례이다. 크럭은 용마루
양끝을 지탱하는 소재로서 자연스럽게 휘어진 목재를 가리키는 말
이다. 이 구조를 제대로 고정시킬 수준에 이르면 진짜 집다운 수직
벽과 경사진 지붕을 올릴 수 있을 것이다.

제재업자들은 목재를 경재^{硬材}와 연재^{軟材}로 나누는데 그중 활엽
수에서 얻는 경재를 더 고급 목재로 친다. 경재는 목질이 단단하
기 때문에 가구나 조각용 소재로 사용된다. 목질이 무른 연재는
침엽수를 가공한 것으로서 건축 자재 전반에 폭넓게 사용된다. 모
리슨 평야에서 경재를 구하기는 아직 무리이겠지만, 적당한 높이
로 자란 아라우카리옥실론이나 쿠프레스옥실론을 자르면 튼튼한
목재를 대량으로 구할 수 있을 테니 집 지을 재료 때문에 불편을

겨지는 않을 것이다.

독이 있는 소철류는 건드리지 말 것

이 식물은 얼핏 보면 야자나무와 비슷하지만 실은 전혀 다르다. 야자나무가 등장하려면 아직 1억 년을 더 기다려야 하기 때문이다. 소철의 가장 큰 특징은 불룩한 줄기 꼭대기에서 단단한 이파리 여러 장이 쑥 튀어나와 있는 생김새이다. 앞서 '줄기'라고 했지만, 정확히 말하면 이는 목질 부분으로 이루어진 나무줄기가 아니다. 연한 줄기 여러 개가 함께 들러붙어 다발을 이룬 것으로서, 오래된 잎이 떨어지면 잎자루 뿌리 부분이 가시 모양으로 남아 이 줄기 다발을 보호한다. 소철도 모리슨 평야에 번성한 유서 깊은 식물 가운데 하나이다.

이 부근에서는 소철이 당신 머리보다 살짝 높은 위치에서 야자와 비슷하게 생긴 가시 모양 이파리를 수없이 늘어뜨린 채 당당히 식물군의 중간층을 이루고 있다. 현대의 소철은 대개 땅딸막한 모습이지만 쥐라기의 소철은 키가 훨씬 크고 종류에 따라서는 줄기 중간에 가지가 돋은 것도 있을 것이다.

은행나무와 마찬가지로 소철도 페름기에 등장했다. 쥐라기 후기인 지금 소철은 현대의 후손들보다 속도 종도 훨씬 다양하며 어디서나 흔히 볼 수 있다. 하지만 이후에는 빠르게 진화하는 속씨식물에 밀려 쇠퇴하게 되고, 현대에 와서는 좀처럼 보기 힘들 정도

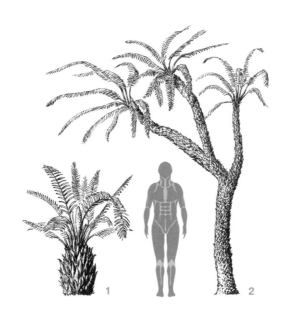

는 아니지만 그래도 식물계의 중요한 구성원으로 보기는 힘든 처지가 되었다.

소철은 더디게 성장하고 드물게 번식하는 점 또한 은행나무와 비슷하다. 어쩌면 진화한 생식기관을 지니고 빠르게 성장하는 속씨식물이 세력을 넓힌 시기에 은행나무와 소철이 쇠퇴한 이유 또한 여기에 있을지도 모른다.

생식 구조가 구과 속에 들어 있는 것을 보면 소철은 침엽수와 비슷하다. 소철은 암수딴그루이다. 성숙한 소철 수나무의 구과 중에 커다란 것은 사람 머리만 한 것도 있다. 구과 속에는 수없이 많은 씨앗이 들어 있다. 만일의 상황에서는 소철 씨앗이 귀중한 식재료가 될 수도 있겠지만, 종과 상관없이 대부분의 소철에는 유해 성

◀ **모리슨층에 자라는 소철류**

1 모리슨 평야에는 여러 종의 소철이 자랄 것이다. 대부분은 현대의 소철류와 마찬가지로 줄기가 땅딸막하다.

2 그러나 자미테스Zamites처럼 키가 크고 줄기가 나뉘어 자라는 종도 있다.

분이 있기 때문에 미리 주의하지 않으면 안 된다. 현대 세계의 여러 민족은 경험으로 습득한 독자적인 방법을 사용하여 소철의 독을 제거한다. 독을 제거하는 방법은 민족이나 부족에 따라 저마다 다르게 발달했는데, 흥미롭게도 이들은 대개 건조하고 가혹한 환경에 거주하는 사람들이다. 어쩌면 달리 식량을 구할 길이 없기 때문에 별 수 없이 이 위험한 식물의 독을 제거하는 방법을 열심히 연구하여 발달시켰는지도 모른다.

오스트레일리아 원주민들은 소철 씨앗을 모아 으깨서 걸쭉한 상태로 만든 다음, 이것을 말려서 며칠 동안 물에 담가 둔다. 이렇게 해서 반죽 상태가 되면 빵처럼 구워서 먹는다. 남아프리카공화국의 줄루족도 소철 씨앗을 물에 담가 독을 제거한다. 남아프리카 원주민들은 소철 줄기 속의 심을 파내어 동물 가죽으로 싸서 몇 주 동안 흙에 묻어 두었다가 으깨서 반죽 상태로 만들어 빵처럼 굽는다. 이 방법들 모두 독을 제거하는 수단으로 효과가 있는 듯하지만, 100퍼센트 성공한다는 보장은 없다. 모리슨 평야에서는 숲에도 평지에도 식량이 풍부할 테니 소철과 그 씨앗은 부디 건드리지 않기를 권한다.

현대에는 야자열매 섬유가 건축이나 수공예 분야의 중요한 소재이다. 야자나무 잎을 물에 담가 가장자리 조직을 녹이면 기다란

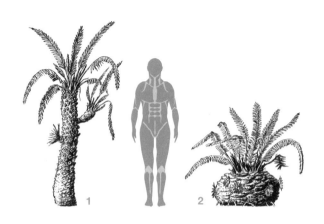

잎을 지탱하는 튼튼한 섬유가 추출되는데, 이것을 엮거나 펠트처럼 굳힌다. 소철 이파리도 야자나무 잎과 구조가 똑같기 때문에 어쩌면 같은 방법으로 처리할 수 있을지도 모른다. 다만 소철은 야자보다 훨씬 느리게 성장하므로 늘 채취할 수 있으리라는 기대는 안 하는 편이 좋을 것이다.

소철과 닮은 베네티테스류에도?

모리슨 평야의 식물군에서 소철과 닮은 것이 있다면 바로 베네티테스목Bennettitales目이다. (키카데오이드Cycadeoid목이라고도 한다.) 이 식물은 얼핏 보면 확실히 현대의 소철과 닮았지만 잎이나 생식기관의 미세한 구조가 다르기 때문에 따로 분류한다. 현대에는 이미 멸종했지만 쥐라기 평야에는 몇 가지 속이 존재하며, 그 형태에 따라 크게 두 종류로 나눌 수 있다.

첫째는 윌리암소니아과Williamsonia이다. 이 부류는 키가 크고 개중에는 줄기 몸통에서 가지가 뻗어 나온 것도 있다. 잎은 야자나무 잎과 비슷하게 생겼으며 긴 것은 1미터에 이르고, 줄기 꼭대기 또는 짧고 굵은 가지 끄트머리에서 우산처럼 자라난다. 오래된 잎은 성장 과정에서 떨어지는데 소철의 경우와 달리 잎자루 부분이 남아 줄기를 보강하지 않는다. 대신 잎이 떨어지면서 생긴 마름모꼴 흔적만이 줄기를 나선 모양으로 휘감는다. 둘째는 키카데오이드Cycadeoidea과로서 이 종류는 윌리암소니아과보다 키가 훨씬 작다. 줄기는 공 모양에 가깝고, 야자나무와 비슷한 이파리가 줄기 꼭대기에서 방사상으로 뻗어 나간 모습이 거대한 파인애플을 연상케 한다.

모리슨 평야에는 이 밖에도 당신이 직접 가서 보기 전에는 미처 상상할 수도 없는 식물들이 잔뜩 있다. 식물 화석이 알려주는 지식만으로는 그 식물의 살아 있을 때 모습을 추측하기가 힘들기 때문이다. 다만 평지의 경우에는 줄기가 극히 짧아서 지면에서 곧바로 잎을 틔우는 풀 모양 식물이 지면을 뒤덮었으며, 숲 속에서는 이러한 식물이 식물군의 아래층을 구성했으리라고 추측된다.

지금까지 예로 든 베네티테스류도 모두 나름대로 구조가 복잡한 생식기관을 지니는데, 이 기관은 매우 밋밋하게 생긴 꽃처럼 보인다. 이들은 등장할 당시에는 암수딴그루였지만 모리슨층 형성기에는 암수한그루로 바뀐다. 생식기관 여러 개가 오밀조밀 모여 있고 털이 난 비늘이 그 주위를 둘러싸고 있기 때문에 꽃과 비슷한 인상을 준다. 줄기 한 대에서 이 '꽃' 수백 송이가 동시에 피었다는 증거가 남아 있기 때문에 식물학자들은 이를 근거로 베네티테스류가 평생 한 차례만 번식하고 말라죽었으리라 추측한다.

현존하는 사례가 없기 때문에 씨앗이나 본체 부분이 식용으로 적합한지 아닌지는 알 길이 없지만, 독이 있는 소철과 친척 관계임을 고려하면 베네티테스류에는 손을 대지 않는 편이 좋을 것이다.

양치류 맛있게 먹는 법은 마오리족에게 물어보자

모리슨 평야에 가장 많이 자라는 식물은 양치류와 친척 관계에 있는 식물들이다. 겉모습은 현대의 양치류와 매우 흡사하다. 깃털 모양 이파리를 늘어뜨린 이 원시적인 식물은 꽃도 씨앗도 열리지 않지만 곳곳에 퍼져서 하층 식물군의 주역으로 자리 잡고 있다.

비단 하층뿐만이 아니다. 나무고사리처럼 커다란 양치류는 숲의 식물 생태계에서 중요한 구성 요소이다. 크기는 소철이나 키카데오이드와 맞먹을 정도이지만 이파리는 훨씬 더 섬세하다. 또한 클라도플레비스Cladophlebis속의 양치류는 중생대 내내 흔히 볼 수 있는 나무고사리였다.

양치류는 철분 같은 필수 미네랄이 풍부한데도 불구하고 현대 세계에서는 일상 식생활의 중요 구성 요소가 아니다. 소용돌이 모양의 어린잎은 국 건더기나 향신료로 사용하기도 하지만, 여기에는 비타민 B_1을 파괴하는 효소인 티아미나제가 들어 있기 때문에 많이 먹으면 안 된다. 하지만 이 효소는 열을 가하면 사라진다. 또한 양치류 중에는 발암 물질을 함유한 종도 있으나, 열을 가하여 요리한 후에도 이러한 성분이 남는다는 증거는 존재하지 않는다. 소용돌이 모양의 어린잎을 가열하면 끈끈해져서 좀처럼 먹을 기분이 나지 않는다. 그러나 일단 말렸다가 다시 국을 끓여서 먹으면 께름칙한 느낌은 피할 수 있을 것이다. 그럼에도, 양치류를 주식으로 삼는 민족은 세상 어디에도 없다.

유일한 예외가 바로 뉴질랜드 원주민이다. 지금으로부터 약 1000년 전, 뉴질랜드에 맨 처음 정착한 사람들은 세계 어디에도 존재하지 않는 특이한 생태계를 지닌 커다란 섬을 발견했다. 이 섬에는 지상에 사는 포유류가 단 한 종도 없었기 때문에 날지 못하고 땅에 붙어사는 새들이 여러 종 진화했는데, 개중에는 거대한 몸집을 지닌 종도 있었다. 식물 또한 특이하기는 마찬가지여서 이 섬에서는 양치류와 나무고사리가 식물군의 상당 부분을 차지했다. 그럼 이제 마오리족 사람들이 양치류를 식재료로 삼기 위해 어떤 준비 과정을 거치는지 알아보기로 하자.

나무고사리는 마오리족 언어로 마마쿠라고 한다. 먹을 수 있는 부분은 줄기의 속심에 해당하므로 일단 통째로 베서 쓰러뜨려야 하는데…… 그리고 보니 지속적인 식량 공급원은 아닌 듯싶다. 어쨌거나 베서 쓰러뜨린 다음, 줄기를 갈라 윗부분에 모여 있는 끈적끈적한 속심을 파낸다. 이것을 이삼일 동안 쪄서 끈끈한 기운을 제거하면 사고(사고 야자나무의 줄기 심에서 나오는 전분)와 비슷한 상태가 된다. 이 상태가 되면 식혀서 그대로 먹을 수도 있고 말려서 오랫동안 보관할 수도 있다. 모리슨 평야는 기후가 건조하므로 이러한 형태의 보존 식품을 만들기에 안성맞춤일 것이다.

　나무고사리 형태이든 그보다 더 번성한 풀 줄기 형태이든 간에, 모든 양치류는 튼튼한 땅속줄기(뿌리줄기)를 통해 번식한다. 마오리족 언어로 아루헤라고 하는 이 뿌리줄기를 식량으로 가공하려면 품이 꽤 많이 든다. 그러니 우선 고생한 보람을 느낄 수 있을 만큼 큼직한 뿌리줄기를 찾아야 한다. 뿌리줄기는 자연 상태로는 철판처럼 단단하기 때문에 가마에 넣고 쪄서 부드럽게 만들어야 한다. 부드러워지면 으깨서 말랑말랑한 전분질 덩어리를 추려 낸다. 이 과정을 거쳐 식용으로 적합해진 부분은 뿌리줄기의 원래 크기와 비교하면 양이 상당히 적을 것이다. 위와 같은 식재료는 모리슨 평야에서도 구할 수 있을 테지만, 그보다 더욱 쉽게 찾을 수 있는 식량도 존재할 것이다.

영양소가 풍부한 종자 양치류, 그러나 안전성은?

현대인들에게는 전혀 알려지지 않은 흥미로운 식물이 바로 종자 양치류이다. 종자 양치류가 분류상 다른 식물군과 어떤 관계인지에 대해서는 별로 알려진 바가 없다. 양치류와 친척 관계일 수도 있고, 어쩌면 베네티테스류의 선조이거나 심지어 침엽수의 선조일 수도 있다. 종자 양치류는 우리가 이제껏 살펴본 식물들보다 더 오랜 역사를 지닌 종으로서 데본기에 이미 식물계의 중요한 부분을 차지했다. 페름기부터 트라이아스기에 이르는 기간 동안에는 지구 남반구 어디에나 존재할 만큼 번성했기 때문에, 아예 종자 양치류의 대표적인 속屬 이름을 따서 이 시기의 식물군 전체를 '글로소프테리스Glossopteris 식물군'으로 부르기도 한다. 글로소프테리스는 쥐라기 후기인 지금은 이미 쇠퇴하기 시작하여 백악기 말이 되면 멸종하고 말지만, 오스트레일리아 남동쪽의 태즈메이니아 섬에서는 신생대 초까지 서식했던 흔적이 발견된다. 당신이 도착할 무렵의 모리슨 평야에서는 이미 감소하는 중일 테지만, 그래도 아직 꽤 많이 자라 있을 것이다.

종자 양치류의 잎은 양치류와 비슷한 것부터 철쭉 이파리처럼 넓적한 홑잎까지 모양이 다양하다. 개중에는 관목처럼 생긴 것도 있고 지면에 붙어서 자라는 것도 있는가 하면, 어떤 것은 다른 식물에 달라붙어 자란다. 모든 종에 공통적으로 나타나는 특징은 바로 번식 방법이다. 보통 양치류는 단세포 포자를 만드는데 이 포자들이 땅속에서 결합하여 성장한다. 반면에 종자 양치류는 포자가 모체에 머문 상태에서 결합하여 씨앗을 만든다. 이러한 종자 중에는 이미 성장하기 시작한 씨눈과 씨눈에 필요한 영양분을 함께 품은 것도 있다.

이처럼 종자 양치류의 씨앗에는 탄수화물과 당분이 쌓여 있으므로 영양분을 찾고자 할 때에는 가장 적합한 대상일 것이다. 사실 모리슨 평야에는 종자 양치류의 씨앗을 귀중한 식량 공급원으로 삼는 동물이 잔뜩 있으리라고 추측된다. 그러나 현대 세계에는 종자 양치류에 해당하는 식물이 존재하지 않기 때문에 인간에게 어떤 영양가가 있는지, 또 독성이 있지는 않은지 등에 대하여 전혀 알려진 바가 없다. 따라서 '그래, 이건 종자 양치류야!'라는 확신이 서면 먹지 말고 피하는 편이 현명하다.

지혈제 및 지붕 재료로 유용한 속새

속새는 양치류와 친척 관계에 있는 원시적인 식물이다. 에퀴세토프시다강Equisetopsida綱(속새강)에 속하는 이 식물은 우리가 이제껏 살펴본 어떤 식물보다 더 오랜 역사를 자랑한다.

현대 세계에서 출발한 당신은 주로 물가에 자라 있는 속새를 많이 보았을 것이다. 이는 모리슨 평야에서도 마찬가지였으리라고 추측된다. 속새는 양치류와 마찬가지로 뿌리줄기에서 자란다. 땅위 줄기는 초록색이며 마디가 여러 개 있는데 이 마디 부분에서 바늘 모양 잎이 줄기를 빙 둘러 돋아난다. 생식기관은 본줄기보다 가느다란 별도의 줄기에 붙어 있다. 이 줄기는 색깔이 대개 샛노랗고 끄트머리에 구과가 맺힌다.

속새의 역사는 실로 장대해서, 석탄기 후기의 협탄층(석탄을 함유한 지층)으로부터 발견된 식물 화석 중에서도 주요한 자리를 차지할 정도이다. 이 시기의 속새는 살아 있을 당시 높이가 자그마치 10미터에 이를 만큼 거대했다. 개중에는 잎이 여러 갈래로 나뉜 종도 드물지 않았다. 그러나 쥐라기 후기인 지금은 현대 세계의 속새와 비슷한 크기로 작아졌고, 식물계에서 차지하는 중요성 또한 낮아졌다. 모리슨 평야에 도착한 당신은 아마도 물가에 무리 지어 자란 속새를 발견할 것이다. 풀이 아직 등장하기 전이므로 물가에 흔히 자라는 갈대나 골풀 대신 우거진 속새가 그 자리를 차지하고 있을 테니 말이다.

속새가 잔뜩 있다고 한들 식량으로 삼을 수 있으리라는 기대는 접는 편이 좋다. 고대 로마의 빈민들이 채소 대신 속새를 먹었다는 기록이 남아 있기는 하지만, 아쉽게도 영양가가 낮을뿐더러 맛도 없다. 인류사를 통틀어 속새는 늘 약으로 쓰였다. 당신에게 가장 도움이 될 지식을 하나 귀띔해 주자면, 벌어진 상처에 속새를 붙이면 지혈 효과가 있다는 것이다. 생식기관이 안 붙은 줄기를 지면 바로 위에서 자른 다음 잘게 썰어서 다친 곳에 붙이면 된다.

속새는 조직 속에 규산이 많이 들어 있기 때문에 매우 질기고 거칠거칠하다. 따라서 금속 도구를 연마하기에도 아주 좋다.

갈대 같은 풀이 아직 등장하지 않은 지금, 무리 지어 자란 속새의 튼튼하고 곧은 줄기는 지붕을 이는 재료로도 매우 유용하다.

모리슨 평야에는 지금까지 소개한 것 말고도 쓸모 있는 식물, 또 식량으로 삼을 만한 식물이 흐드러지게 자라 있을 것이다. 화석 기록으로 남지 못한 식물을 잔뜩 발견하리라는 것은 굳이 상상할 필요도 없다. 여기서부터는 시행착오의 세계이다.

아무쪼록 성공하길!

4장

쥐라기 후기,
쓸모 있는 동물을 알아보는 방법

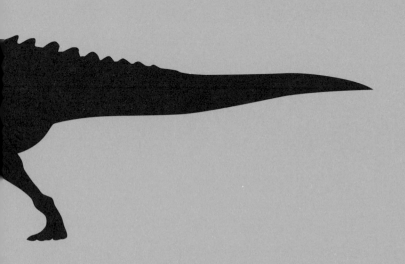

앞서 모리슨 평야에 어떤 식물이 자라는지, 먹을 수 있는 식물은 무엇인지, 집을 지을 때에는 어떤 재료를 구해야 하는지에 대해 알아보았다. 다음은 동물로 눈을 돌려 쓸모 있는 동물과 별 도움이 안 되는 동물, 또 위험한 동물 등을 알아볼 차례이다.

무척추동물─공룡의 주검을 찾아다니는 대형 흰개미

모리슨 평야의 우기는 곤충이 살기에 가장 적합한 계절이다. 기온이 높고 습기가 많으면 식물이 무성하게 자라므로 곤충의 식량도 풍부해지기 때문이다. 우기에 접어들면 곤충을 필두로 작은 무척추동물들이 나타나기 시작할 것이다.

건기 역시 곤충에게는 그리 나쁘지 않은 계절이다. 절지동물을 비롯하여 건조한 기후에 잘 적응한 소형 생물들이 잔뜩 등장할 것이다.

한마디로, 곤충들에게서 벗어날 방법은 없다는 말이다.

하지만 처음 얼마 동안은 그리 고민할 필요가 없을지도 모른다. 피를 빨거나 물거나 피부 아래로 파고드는 식으로 이 지역의 대형 동물을 괴롭히는 곤충들은 고도로 분화되어 있으므로 자기 입맛에 맞는 특정 동물이 아니면 거들떠보지 않을 수도 있다. 따라서 당신이 모리슨 평야에 나타난다고 해도 먹거나 기생할 상대로 인식하지 않을지도 모른다. 단, 그것도 어디까지나 처음 얼마 동안의 사정이다. 식량 공급원이 등장하면 곧장 이 식량을 이용하는 포식자가 등장하는 것, 이것이야말로 진화의 기본 원칙이기 때문이다. 그런데 이번에는 바로 당신이 식량 공급원이다! 곤충을 필두로 하는 절지동물은 적응력이 매우 강하다. 그러므로 당신이 파리를 때려잡고 모기에게 물린 자리를 긁고 이나 진드기를 눌러 터뜨릴 때까지는 그리 긴 시간이 걸리지 않을 것이다. 현대 세계로 치면 아열대 지방의 들판에 나가 있는 상태와 똑같다고 보면 된다.

현대 과학은 그러한 생물들이 모리슨 평야에 수없이 존재했음을 우리에게 가르쳐 준다. 곤충의 신체 화석은 거의 남아 있지 않지만, 존재했던 흔적을 보여 주는 화석은 무수히 많기 때문이다.

곤충에 뜯긴 흔적이 잔뜩 남아 있거나 기생충에 파 먹힌 구멍이 종횡무진 뚫려 있는 초식 공룡의 뼈 화석은 몇 점이나 발견된 바 있다. 잇자국을 남긴 곤충은 매우 강력한 턱을 가진 종으로서, 흔적을 보면 흰개미와 비슷하지만 몸집은 훨씬 더 컸다. 이러한 증거로 미루어볼 때 대형 공룡의 주검을 찾아다닌 거대한 흰개미나 딱정벌레가 존재했으리라 추정된다. 화석에 남은 조그마한 굴은 아마도 유충이 뼈를 갉아먹은 흔적일 것이다. 이러한 흔적은 주검을 먹어치우는 현대의 딱정벌레류가 남긴 흔적과 전혀 다르다. 어쩌면 불쾌한 이야깃거리라고 생각할지도 모르지만, 생태계가 적절히 기능하려면 주검의 신체 조직을 분해하여 재이용하는 곤충이 반드시 존재해야 한다. 물론 화석화 과정을 방해하는 점은 고마워하기 힘들지만 말이다.

강가 레스토랑의 추천 메뉴

당신에게 직접 도움을 주는 무척추동물도 있을 것이다. 예를 들면, 민물에 사는 가재가 그중 하나이다. 화석 기록을 보면 모리슨 평야의 연못과 개울에는 가재가 많이 살았으리라 추정된다. 가재는 하천 바닥을 기어 다니다가 건기가 되면 굴속에 틀어박혀 지냈을 것이다. 실제로 현재 남아 있는 가재 굴 화석을 보면 건기의 지하수면이 지표면에서 약 4미터 아래까지 내려갔음을 알 수 있다. 당시의 가재는 아가미를 사용하는 데 필요한 수분을 얻으려고 이 깊이까지 내려가야 했던 것이다.

우기에는 가재를 잡기가 쉬워진다. 쥐라기의 가재는 현존하는 가재와 꼭 닮았기 때문에 습성이나 생활 방식도 비슷했으리라 추측된다. 가재는 동물의 주검을 먹고 사는 부식동물이므로 이 습성을 이용하면 쉽게 잡을 수 있다. 오스트레일리아의 아이들은 그곳 말로 야비yabby라고 부르는 가재를 잡을 때 실 끄트머리에 작은 고깃덩이를 달아 강물에 드리운다. 가재가 이 미끼를 발견하면 실을 끌고 개울물을 따라 걸어간다. 이렇게 하면 가재가 따라오다가 튼튼한 집게발로 미끼를 꽉 붙들고 잡아당긴다. 팔을 쭉 폈을 때 닿을 만한 거리까지 가재가 끌려오면 그다음은 잡기만 하면 된다. 목이 좁다란 항아리 속에 미끼를 설치하는 것도 좋은 방법이다. 한 번에 많이 잡고 싶을 때에는 들그물이나 끌그물을 사용하는 것이 좋다.

갑각류가 대부분 그렇듯이 가재 역시 정기적으로 딱딱한 껍데기를 벗어던지고 새 껍데기가 자리를 잡는 며칠 동안 몸이 성장한다. 이 시기에 잡은 가재는 식용으로 적합하지 않다. 커진 몸집에 적응하기 위해 살이 부드러워지고 물기도 많아지기 때문이다. 게다가 이 시기의 가재는 보통 몸을 숨기고 있기 때문에 잡고 싶어도 잡기 힘들 것이다. 다 자란 가재는 최고급 식재료일 뿐 아니라 조리법도 간단하다. 끓는 물에 소금을 조금 넣고 몇 분만 삶으면 된다. 가재 살은 맛이 아주 좋은데 특히 집게발 속에 든 살이 가장 맛있다.

민물조개 또한 모리슨 평야에서 잡을 수 있는 식용 무척추동물 가운데 하나이다. 민물조개는 하천 바닥의 진흙과 자갈 속에 얕게 파묻혀 있다. 이 생물은 대롱처럼 생긴 수관水管으로 물을 빨아들여 몸속에서 걸러 내는 방식으로 유기물과 미생물을 섭취하는데 이때 물속에 녹아 있는 산소도 함께 흡수한다.

민물조개는 하천 바닥의 퇴적물을 퍼서 체로 치기만 하면 쉽게 잡을 수 있다. 잡은 조개는 곧바로 삶아야 한다. 이때 건강한 조개는 잡히는 순간 껍데기 두 장을 꽉 닫아 몸을 보호한다. 그러므로 껍데기가 닫히지 않은 조개는 버리도록 하자. 뜨거운 물에 삶으면 조개관자가 수축해서 저절로 껍데기가 벌어진다. 삶았는데도 벌어지지 않는 조개 역시 버려야 한다.

우리가 사는 현대 세계에서 민물조개는 그다지 귀한 식재료가 아니다. 바다에 사는 조개가 더 맛있을 뿐 아니라 잡기도, 손질하기도 쉽기 때문이다. 그러나 모리슨 평야에서 살아갈 당신에게는 그런 데 신경 쓸 여유가 없다. 민물조개는 귀중한 식량 자원이 될 가능성을 품고 있으므로 최대한 활용하기 바란다.

이때 주의할 점이 한 가지 있다. 바다에 살든 민물에 살든, 모든 조개는 신체 조직 속에 독소를 축적하는 경향이 있다. 물을 거르는 기능이 뛰어나다 보니 몸속을 통과하는 물에서 독성 물질까지 흡수하기 때문이다. 장소에 따라서는 독소 탓에 식용으로 부적합한 조개도 있다. 그러나 모리슨 평야의 개울물에 공장에서 흘러나온 오염 물질이 섞여 있을 리는 없으므로 이러한 위험은 무시해도 좋을 것이다.

초식 곤충은 식량이 될 가능성이 있다

곤충을 비롯한 육상 절지동물은 맛이 나쁘지 않다. 게다가 영양도 풍부하다. 예를 들자면, 우리에게 익숙한 소고기와 귀뚜라미를 비교해 보자. 같은 무게를 비교할 때 귀뚜라미에 함유된 단백질은 소고기의 절반이지만, 열량은 무려 2.5배나 되고 지방은 4분의 1에 지나지 않는다. 게다가 쥐라기 후기인 지금은 근처에서 귀뚜라미를 쉽게 볼 수 있다. 사실 모리슨층에서 출토된 화석 가운데 귀뚜라미 화석은 발견되지 않았다. 발견되기는커녕 곤충의 신체 화석은 나방과 비슷한 날도래 화석 몇 점을 제외하면 아에 남아 있지도 않다. 그러나 같은 시기 다른 장소에 존재했던 암석에서 발견된 증거를 보면 모리슨 평야에도 귀뚜라미를 비롯한 친척 관계의 곤충들이 많이 살았으리라 추측된다.

흰개미도 존재했으리라 추정되지만 발견된 화석은 개미집뿐이다. 가재 굴 화석과 마찬가지로 흰개미 집 화석도 당시 지하수면의 위치를 추정하는 단서가 된다. 흰개미가 지하수의 수면보다 낮은 곳까지 파고 들어갔을 리는 없으므로 개미집의 최저선이 곧 지하수의 포화대를 가리키는 지표인 셈이다. 흰개미는 모래로 집을 지었다. 모래 알갱이를 침과 배설물, 반쯤 소화시킨 나무 따위로 굳혀서 만든 개미집은 바위처럼 단단하기 때문에 화석으로 남기도 쉽다. 모리슨 평야에서 발견된 개밋둑 화석 중에는 높이가 무려 30미터나 되는 것도 있다. 흰개미는 인류사를 통틀어 중요한 영양 공급원이었다. 아프리카, 그중에서도 특히 케냐에서는 흰개미를 중요한 식량 공급원으로 간주하기 때문에 이곳 사람들은 흰개미 성충을 잡으려고 갖은 애를 다 쓴다. 고생 끝에 충분한 양을 모으면 소금을 조금 뿌리고 낮은 온도에서 가볍게 볶는다. 볶다 보면 몸에서 지방질이 나오기 때문에 기름은 두를 필요가 없다. 이렇게 볶은 흰개미를 햇볕에 말리면 상당히 오래 보관할 수 있다.

이처럼 식량으로 활용할 수 있는데도 불구하고 귀뚜라미와 흰개미 모두 현대인의 삶에서 해충으로 여겨지는 데에는 그럴 만한 이유가 있다. 바로 식용으로 재배하는 작물을 먹어치우기 때문이다. 이 점은 당신이 처음 보는 곤충과 맞닥뜨렸을 때 그것을 먹을 수 있는지 없는지 판단하는 실마리가 되기도 한다. 식물을 먹는 곤충은 식량이 될 가능성이 있다. 피해야 할 것은 바로 유기물을 먹고 사는 곤충이다. 이러한 곤충은 몸속 조직에 어떤 화합물이 쌓였을지 짐작도 할 수 없다.

두꺼운 비늘 때문에 먹기가 성가신 조기류 어류

모리슨 평야는 기후가 극히 건조한데도 지표면에 물이 풍부했던 것으로 보인다. 망상 하천이 있었을 뿐 아니라 널따란 하천이 몇 줄기나 평야를 가로질러 흐르고 있었다. 물길이 도중에 바뀌면 우각호, 즉 소뿔처럼 굽이진 호수나 물웅덩이가 생겼다. 충적 제방을 뚫고 뿜어 나온 물이 물가를 따라 기다란 연못을 만들기도 했다. 따라서 모리슨층의 암석에서 물고기 화석이 여럿 발견된 것도 놀랄 일이 아니다.

현대인들에게 알려지지 않은 조기류 어류(허파 대신 부낭이 달린 경골어류) 가운데 팔레오니스코이드Palaeoniscoid라는 물고기가 있다. 그중 대표적인 어종이 바로 모롤레피스Morrolepis이다. 모롤레피스는 머리가 커다랗고 눈이 자동차 전조등처럼 앞쪽에 붙었으며, 몸은 꼬리 쪽으로 갈수록 가늘어지는 유선형이다. 꼬리를 보면 위쪽은 살이 붙어 툭 불거지고 아래쪽은 지느러미이므로 상어 꼬리와 닮았다고 할 수 있다. 몸통은 두꺼운 마름모꼴 비늘로 덮여 있다. 몸길이는 가장 큰 놈이 약 20센티미터 정도이다.

현대 세계에는 닮은꼴이 없기 때문에 식용으로 적합한지 어떤지도 확실치 않다. 한 마리 잡아서 시식해 보는 것도 좋겠지만 두꺼운 비늘을 처리하기가 귀찮을 수도 있다. 주로 곤충과 수중 무척추동물, 잔물고기 따위를 먹고 살았을 것이므로 그중 하나를 미끼로 삼고 실과 낚싯바늘을 사용하면 쉽게 잡을 수 있을 것이다.

모리슨 평야에 살던 그 밖의 조기류 어류는 크기가 몹시 작기 때문에 당신에게는 별 쓸모가 없을 듯싶다.

뜀뛰기 몇 번으로 여름잠에 빠진 폐어를 잡자

쥐라기의 어류는 대체로 생김새가 특이하지만, 현대에도 비슷한 종을 찾아볼 수 있는 어종이 한 가지 있다. 그 주인공은 바로 케라토두스Ceratodus, 현대의 폐어이다.

조기류 어류와 달리 폐어의 지느러미는 뿌리 부분이 근육으로 덮여 있기 때문에 조그마한 발처럼 보인다. 지느러미 자체는 근육의 가장자리를 따라 장식용 술처럼 붙어 있다. 보통은 지느러미 두 개가 한 쌍을 이루기 때문에 건조한 땅에 혼자 뒤처졌을 경우 이 지느러미로 기어서 물로 돌아갈 수 있다. 게다가 폐어는 허파를 지니고 있어서 뭍에서는 공기로 호흡할 수 있다. 폐어肺魚라는 이름 자체도 이 놀라운 특징에서 유래했다.

　이처럼 허파를 갖춘 덕분에 폐어의 친척에 해당하는 어종은 오래전 데본기에 뭍으로 올라와 완전한 육상 동물로 진화했다. 현대의 아프리카에서 볼 수 있는 폐어는 가뭄이 들면 말라붙은 하천 바닥을 파고들어 점액질로 온몸을 감싼 채 신체 기능 대부분을 정지한다. 이러한 상태를 여름잠이라고 한다. 이렇게 여름잠을 자던 폐어는 우기가 시작되어 구멍에 물이 흘러들면 다시 활동을 개시한다.

　현대에는 폐어가 대여섯 종 존재하는데 주로 남아메리카와 아프리카, 오스트레일리아 등 기온이 높은 지역에 서식한다. 그중 모리슨 평야의 폐어와 가장 가까운 종은 오스트레일리아에 서식하는 네오케라토두스Neoceratodus이지만 이 종은 땅속에 들어가 생존하는 습성이 남아 있지 않다. 네오케라토두스의 허파는 연못이나 물웅덩이에서 헤엄칠 때 수면 위로 얼굴을 내밀고 산소를 보급하는 데에 이용된다. 모리슨 평야에는 연못이나 물웅덩이가 여럿 있으므로 이곳에 사는 폐어 또한 같은 습성을 지닐지도 모른다.

　폐어는 몸길이가 2미터나 되는 커다란 물고기이므로 얕봐서는 안 된다. 턱은 굉장히 단단할 뿐 아니라 돌기가 달린 넓적한 이빨도 나 있다. 한 번이라도 물렸다가는 심한 상처를 입을 수도 있다. 하지만 몸집이 큰 만큼 살도 묵직하게 붙어 있다. 잡아서 식량으로 삼을 가치는 충분하다는 뜻이다.

　오스트레일리아에 사는 친척 종인 네오케라토두스가 건기에 하천 바닥으로 숨지 않는다고 해서 모리슨 평야의 케라토두스도 그럴 거라고 단정하기는 힘들다. 만약 케라토두스가 땅속으로 숨는다면 아프리카 사람들의 폐어 사냥법을 따라해 보는 것도 좋을 것이다. 우선 말라붙은 연못이나 하천의 바닥에 서서 뜀뛰기를 몇 번 해야 한다. 그러면 여름잠을 자던 폐어가 땅울림에 놀라서 깨어나고, 지표면으로 돌아갈 준비를 하듯이 몸을 비틀거나 우는 소리를 낸다. 이러한 기척을 듣고 굴이 어딘지 찾아내면 그다음은 괭이 같은 간단한 도구로 파내기만 하면 된다.

오스트레일리아에서는 케라토두스가 보호 동물로 지정되어 있다. 따라서 포획 또한 금지되어 있기 때문에 모리슨 평야의 폐어와 가장 비슷한 종인 네오케라토두스는 아쉽게도 잡는 법이 알려져 있지 않다.

어떤 종이든 간에 물고기는 잡자마자 곧바로 먹어야 한다. 물고기의 살은 대개 단단한 섬유질이 없으므로 오랫동안 익히지 않아도 된다. 센 불에 잠깐 동안 조리하는 것이 가장 좋다. 얕은 냄비에 기름을 두르고 굽거나 점토로 싸서 통구이를 하는 것도 좋은 방법이다. 날것을 그대로 먹을 수도 있지만 이 경우에는 고기를 잡은 곳이 오염되지 않았는지 반드시 확인해야 한다. 오랫동안 보존하고 싶을 때에는 훈제하거나 소금에 절여야 한다. 냉동하는 방법도 있는데…… 냉동? 음, 모리슨 평야에서는 무리이지 싶다. 물고기를 소금에 절일 때에는 우선 머리와 지느러미를 자르고 내장과 비늘을 깨끗이 제거한 다음, 깔아 놓은 소금 위에 올려놓고 다시 소금을 두껍게 덮어 준다. 소금은 모리슨 평야의 건조 지대에 있는 염호에서 구할 수 있을 것이다. 말린 물고기를 만들려면 앞서와 마찬가지로 손질한 다음 건조하고 바람이 잘 통하는 곳에 매달아 두면 된다. 물고기를 말리면 맛도 덜할뿐더러 요리할 때 물에 불리는 데에도 시간이 걸리므로 그다지 추천할 만한 방법은 아니다. 그보다는 불을 피워 훈제하는 편이 더 좋을 것이다. 훈제를 할 때에는 우선 소금에 절일 때와 마찬가지로 물고기를 손질한 다음, 연기가 나도록 조절한 모닥불 위에 걸어 둔다. 이렇게 하면 열 때문에 수분이 증발하는 동시에 연기 성분이 물고기 살에 스며들어 보존 기간도 길어지고 맛도 좋아진다.

현대의 후손들과 상당히 비슷한 양서류

모리슨 평야의 습지에는 양서류가 잔뜩 산다. 밝혀진 바에 따르면 현대의 양서류와 꽤 비슷한 개구리가 적어도 세 종류는 있었고, 도롱뇽도 몇 종이 살고 있었다. 따라서 모리슨 평야를 찾은 당신은 양서류들이 축축한 소형 식물 사이에 몸을 숨기거나, 연못에서 헤엄을 치거나, 땅속에 웅크리고 있는 모습을 볼 수 있을 것이다.

거북이와 그 밖의 소형 파충류

모리슨 평야의 탁 트인 수역은 거북이가 살기에 이상적인 환경이기 때문에 이 지역의 퇴적물에서는 거북이 화석이 여러 개 발견된 바 있다. 거북이는 두꺼운 등딱지가 화석으로 남기에 딱 알맞을 뿐 아니라 강이나 개울에 살다 보니 숨을 거두자마자 퇴적물로 뒤덮이는 경우가 많다. 따라서 거북이 화석이 많이 발견되는 것은 딱히 놀랄 일은 아니다. 당시의 거북이들 중 몇 종은 이미 그 존재가 알려져 있으므로 당신도 현존하는 종과 꽤 비슷한 거북이를 몇 종 볼 수 있을 것이다. 글리프톱스^{Glyptops}, 울룰롭스^{Ululops}, 도세토켈리스^{Dorsetochelys}, 디노켈리스^{Dinochelys} 같은 당시의 거북이들은 모두 잠경아목(潛頸亞目)에 속하는데, 잠경이란 목을 옆으로 돌려 접지 않고 똑바로 당겨서 등딱지 속으로 넣을 수 있다는 뜻이다.

만약 당신이 스페노돈속^{Sphenodon屬}의 양서류를 보게 된다면 도마뱀의 일종이라고 생각할지도 모른다. 이 동물은 자그마한 키에 기다란 몸통, 사방으로 딱 뻗은 네 발, 큼지막한 머리와 쭉 뻗은 꼬리 같은 신체적 특징뿐 아니라 곤충을 먹는 식성까지 도마뱀과 꼭 닮았다. 그러나 닮은 점은 겉으로 드러난 특징들뿐이다. 현대까지 살아남은 스페노돈은 단 한 종에 지나지 않는다. 바로 뉴질랜드 북섬 앞바다의 여러 섬에 사는 투아타라가 그 주인공이다. 스페노돈속은 공룡 시대 이전부터 공룡 시대 전 기간에 걸쳐 널리 번성한 동물이므로 모리슨 평야에서도 주로 조그마한 종 몇 가지가 눈에 띨 것이다. 그 가운데 한 종인 에일레노돈^{Eilenodon}은 몸길이가 약 1미터에 이를 만큼 큼지막하지만, 초식성으로 추정되는 만큼 위험하지 않을까 걱정할 필요는 없다.

모리슨 평야에는 진짜 도마뱀도 살고 있다. 이들은 대개 현대의 도마뱀이나 왕도마뱀과 친척 관계이다. 왕도마뱀류 가운데 한 종인 도세티사우루스Dorsetisaurus는 몸길이가 50센티미터 정도이다. 도세티사우루스는 영국과 포르투갈, 몽골 등지에서도 화석이 발견되었기 때문에 꽤 널리 분포했으리라 추정된다. 역사 또한 길어서 약 5000만 년이나 살아남은 종이기도 하다.

그렇다면 모리슨 평야에 뱀도 살고 있을까? 아마도 있을 듯싶다. 뱀과 도마뱀은 매우 가까운 친척 관계로서, 모리슨층에서 발견된 등뼈 및 턱뼈 화석을 보면 둘 중 어느 쪽으로도 추정할 수 있는 화석들이 포함되어 있다. 그중 턱뼈 화석 한 점은 뱀의 것일 가능성이 높은데 전체 몸길이가 약 1미터 정도로, 보아 뱀의 친척 관계가 아닌가 하고 추측된다. 현대의 보아 뱀은 독이 없지만 모리슨 평야에서 만난 뱀도 그럴 거라고는 생각하지 않는 편이 좋다. 독이 없는 현대의 뱀은 모두 독을 지닌 선조들로부터 진화했으리라고 추정할 만한 증거가 어느 정도 존재하기 때문이다. 따라서 뱀과 맞닥뜨렸을 때에는 조심해야 한다. 게다가 뱀은 왕도마뱀류에서 진화했으므로 어쩌면 당신이 만날 왕도마뱀이나 도마뱀 또한 독을 지니고 있을지도 모른다.

공룡 멸종 후에도 살아남은 캄프소사우루스

여기서부터는 현대인들에게 전혀 알려지지 않은 동물들을 소개하고자 한다. 우선 캄프소사우루스Champsosaurus부터 시작해 보자. 처음 본 사람이라면 작은 악어로 착각할 수도 있다. 모리슨층 형성기는 이 파충류가 막 세를 넓히기 시작한 시기였다. 그러다가 백악기 후기에 전성기를 맞아 널리 번성했고, 공룡이 멸종한 후에도 살아남아 포유류가 등장한 초기에도 습지에 살고 있었다.

현대의 악어와 마찬가지로 캄프소사우루스도 물속에 산다. 몸통은 헤엄치기에 알맞게 기다란 유선형이고 꼬리는 납작하다. 길고 가느다란 주둥이에는 조그마한 이빨이 빽빽이 돋아서 물고기를 잡아먹기에 안성맞춤이다. 나중에는 덩치가 꽤 커지지만 모리슨층 형성기에 살던 종은 가장 큰 놈도 50센티미터를 넘지 않을 만큼 자그맣다. 범람원의 호수에서 잔고기를 먹으며 살았으리라 추정된다. 어쩌면 물가에 모여드는 이런저런 곤충들까지 먹이로 삼았을지도 모른다.

모리슨 평야에서는 악어도 뛰어 다닌다

우리는 스스로가 악어에 대해 잘 안다고 생각한다. 당신도 그렇지 않은가? 온몸이 두꺼운 비늘로 뒤덮인 대형 파충류. 잔인해 보이는 턱, 퉁퉁한 몸통, 짤따란 다리에 두툼한 꼬리. 보통은 모래사장에 느긋하게 배를 깔고 엎드려 있거나, 수면 위로 눈과 콧구멍만 내민 채 물속에 잠겨 있다. 부주의한 사냥감이 어정어정 옆을 지나갈 때까지 끈덕지게 기다리다…… 순식간에 덥석! 큼지막한 이빨이 줄줄이 나 있는 기다란 턱으로 가엾은 먹잇감을 단단히 붙들고는 물속으로 유유히 끌고 들어가 먹어치운다. 모리슨 평야에도 이런 악어가 있기는 할 것이다. 그러나 대부분은 당신이 아는 것과 완전히 다른 생물들이다.

당신에게 익숙한 악어들부터 살펴보도록 하자. 우선 고니오폴리스Goniopholis가 있다. 얼핏 보면 현대의 악어와 거의 비슷하다. 등골뼈 모양은 현대의 악어와 크게 다르지만, 겉으로 볼 때에는 그 차이를 알 수 없다. 시대와 장소를 가리지 않고 널리 분포한 종으로서 쥐라기 후기에는 북아메리카와 포르투갈, 멀리 타이에까지 서식했고 백악기에 살았던 종은 영국과 독일에서도 화석이 발견된다.

고니오폴리스는 머리 모양도 독특하다. 머리뼈는 앞쪽으로 갈수록 가늘어지고 주둥이는 둥그렇다. 아래턱에 큼지막한 이빨 한 쌍이 나 있는데 이 이빨에 걸리지 않도록 위턱에 오목한 홈이 패어 있다. 이 때문에 주둥이가 중간에 잘록해져서 머리 전체를 보면 마치 삽 같은 모양이다.

에우트레타우라노수쿠스Eutretauranosuchus라는 종도 있다. 고니오폴리스와 친척 관계이지만 몸길이가 약 1.7미터밖에 안 되기 때문에 3미터에 이르는 고니오폴리스와 비교하면 조금 작은 종이다. 머리뼈가 앞쪽으로 갈수록 가늘어지고 고니오폴리스와 달리 주둥이 중간에 구멍이 없는 것이 특징이다. 둘 다 현대의 악어와 마찬가지로 흉포한 습성을 지녔으리라 추측되므로 맞닥뜨리지 않도록 주의해야 한다.

모리슨 평야에 사는 그 밖의 악어들은 현대의 종과 너무나 다르기 때문에, 습성 또한 어떠하리라고 확신하기가 힘들다. 예컨대 프루이타캄프사Fruitachampsa를 한번 살펴보자. 이 동물의 정체는 뭘

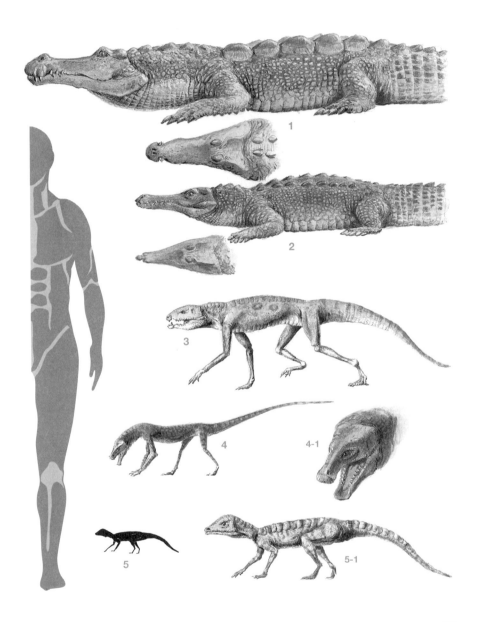

◀ **모리슨 평야의 악어**

1 고니오폴리스속 겉모습과 습성은 현대의 악어와 거의 같다. 고니오폴리스 펠릭스, 고니오폴리스 루카시, 고니오폴리스 길모레이, 고니오폴리스 스토발리 같은 종이 여기에 속한다. 체형만 놓고 보면 이 종들은 모두 비슷하게 생겼다.

2 에우트레타우라노수쿠스 겉모습은 현대의 악어와 비슷하다. 고니오폴리스보다 덩치가 작고 머리 모양도 다르다. 여기에 속하는 종은 에우트레타우라노수쿠스 델프시가 유일하다.

3 프루이타캄프사 다리가 길어서 몸놀림이 민첩하다. 완전한 육상 동물이다. 짤따란 머리와 개처럼 기다란 이빨이 특징이다. 종은 프루이타캄프사 칼리소니뿐이다.

4 마켈로그나투스 그림 속의 모습과 체형은 일찍이 친척 종이었던 카이엔타수쿠스를 토대로 재현했다. 다리가 길어서 민첩하다. 종은 마켈로그나투스 바간스뿐이다.

4-1 마켈로그나투스의 머리를 확대한 그림. 부분적으로 이빨이 없고 주걱 모양으로 생긴 아래턱이 특징이다. 거북이와 비슷하게 뼈로 된 부리를 지녔을 가능성도 있다.

5 호플로수쿠스 크기를 비교할 수 있게 자 대신 그려 넣은 실루엣이다.

5-1 호플로수쿠스의 온몸을 그린 확대도. 다리가 길어서 몸놀림이 날쌔다. 등에서 꼬리에 걸쳐 인갑이 나 있다. 골격 화석이 온전한 상태로 발견된 덕분에 생김새가 자세히 밝혀졌다. 종은 호플로수쿠스 카이뿐이다.

그림에는 빠졌지만 할로푸스Hallopus라는 종도 있었다. 이 악어 역시 다리가 길어서 민첩하게 움직였다. 생김새는 프루이타캄프사나 마켈로그나투스, 호플로수쿠스와 비슷했을지도 모르지만 화석이 거의 남지 않았기 때문에 상상으로 복원하기조차 힘들다.

※ 몸통의 생김새는 모두 추측을 근거로 그렸다.

까? 쥐? 아니면 고양이? 그도 아니면 도마뱀일까? 아니, 실은 프루이타캄프사 역시 악어이다.

중생대 초기에는 여러 가지 동물들이 악어목에 속했다. 다양한 종들이 저마다 다양한 생활 방식에 따라 다양한 생태 지위를 차지했다. 소형 공룡처럼 뒷발로 서서 돌아다니는 종도 있었다. 바다 생활에 적응하여 장어와 비슷한 모습으로 진화한 종도 있었다. 유럽에서 바다를 건너온 모험가라면 도중에 그 악어를 본 적이 있을지도 모른다. 심지어 식물을 먹고 사는 악어도 있었다. 게다가 이들 중 일부와 이들의 공통된 선조가 포유류나 조류처럼 정온 동물이었을 가능성도 분명히 존재한다. 현대 세계에 사는 악어는 단지 우연에 의해 반*수생 변온 동물이자 잠복형 사냥꾼으로 분화했을 뿐이다. 악어의 생리적 기능이나 신체 구조, 특히 심장의 구조는 활동적인 정온 동물로부터 진화해 왔을 가능성을 시사한다. 따라서 쥐라기 후기인 지금은 현대의 악어처럼 분화한 고니오폴리스와 그 친척 관계인 종들이 이미 등장한 한편으로, 화려했던 과거를 보여 주는 다양한 종들도 아직 생존해 있다. 그중 하나가 바로 프루이타캄프사이다.

프루이타캄프사라는 명칭은 과학계에서 아직 인정받지 못했으나 여기서는 그 이름을 사용하여 설명하고자 한다. 덩치가 고양이만 한 프루이타캄프사는 기다란 네 발을 사용하여 달리듯 빠른 속도로 돌아다닌다. 머리는 앞뒤가 짧고, 위아래 턱 앞쪽에는 살상력이 있는 예리한 이빨이 돋아 있다. 피부 조직의 질감이나 색깔은 전혀 알려지지 않았다. 단서를 찾으려면 현대의 악어를 참조하는 수밖에 없는데, 우리가 아는 악어의 비늘처럼 생긴 딱딱한 가죽은 이미 한참 분화된 후에 나타난 특징이다. 따라서 프루이타캄프사처럼 활동적이고 자그마한 사냥꾼에게 이런 가죽이 어울릴지 어떨지는 의문으로 남겨 둘 수밖에 없다. 어쩌면 오늘날의 도마뱀처럼 가벼운 비늘 모양의 가죽을 지니고 있을지도 모른다. 생김새는 이 정도만 추측하기로 하고, 행동 양식이나 식습관은 어떨까? 몸의 크기와 구조로 미루어 아마도 날렵하고 조그마한 동물을 쫓아 다니지 않았을까? 어쩌면 새끼 공룡이나 도마뱀까지 잡아먹었을 지도 모른다. 덩치만 놓고 보면 당신에게 위험을 끼칠 염려는 없을 듯하지만 그래도 혹시 모르니 일단은 주의하는 것이 좋겠다.

다음으로 마켈로그나투스^{Macelognathus}를 살펴보자. 이 종 또한 빠르게 달리는 소형 악어이다. 몸집은 프루이타캄프사보다 꽤 작고 아래턱의 모양도 다르다. 마켈로그나투스의 아래턱은 앞쪽에 이빨이 없고 주걱처럼 넓적하게 생겼다. 뼈에 주름이 있고 구멍이 많은 점으로 미루어 각질 부리가 달려 있을지도 모른다. 마켈로그 나투스 역시 매우 흥미로운 동물이지만, 어쩌면 모리슨 평야에서 살아남기 위해 악전고투하느라 바쁜 당신 처지에서는 별것 아닐 수도 있겠다.

그렇게 따지면 호플로수쿠스^{Hoplosuchus}도 마찬가지이다. 이제껏 발견된 유일한 뼈 화석으로 미루어 몸길이가 20센티미터 정도밖에 안 되는 극히 조그마한 동물이었으리라고 추정된다. 하지만 발견 된 화석이 새끼 호플로수쿠스이다 보니 1미터 정도까지 성장한 놈 이 아예 없었으리라고 단정하기는 힘들다. 중요한 것은 호플로수 쿠스 역시 뛰어다니는 소형 악어라는 점, 또 네모난 인갑^{鱗甲}, 즉 비 늘 모양의 딱딱한 껍데기가 등줄기를 따라 두 줄로 길게 나 있다 는 점이다. 따라서 앞서 했던 설명과 모순되기는 하지만, 결국은 뛰어다니는 소형 악어들도 모두 현대의 악어들처럼 두꺼운 인갑을 달고 있었을지도 모른다.

하늘을 나는 파충류, 프테로사우루스

드디어 나왔다, 프테로사우루스! 공룡 시대의 상상도에 빠지지 않고 등장하는 바로 그 익룡이다. 몸에는 깃털이 돋아 있고, 막처럼 생긴 가죽 날개로 하늘을 날아다니는 파충류이다. 모리슨 평야에서는 프테로사우루스가 하늘을 날거나, 나무 사이를 오가거나, 탁 트인 물 위로 수면을 스치듯 활공하는 광경을 볼 수 있을 것이다.

새도 눈에 띄기는 할 테지만, 여기에는 께름칙한 문제가 하나 있다. 유럽에서 건너온 모험가라면 이미 보았다시피 쥐라기 후기에 새가 존재했다는 사실은 잘 알려져 있다. 그러나 모리슨 평야에 새가 살았음을 직접 보여 주는 증거는 발견된 적이 없다. 어쩌면 조류는 골격 구조 자체가 가볍고 뼈 속이 비어 있어서 화석화 과정을 거치는 동안 흔적도 없이 파괴되는지도 모른다. 아니면 주검이 자연스레 부패하는 바람에 현대까지 전해지지 못했을 수도 있다. 그러나 프테로사우루스에게는 이러한 논리가 통하지 않는 듯싶다. 프테로사우루스 역시 몸이 가볍고 뼈 속이 비었는데도 불구하고 모리슨층에 화석을 남기는 데에 성공했기 때문이다. 당신이 도착할 무렵의 모리슨 평야에 프테로사우루스가 살았던 것은 틀림없는 사실이다. 프테로사우루스야말로 당시 이 지역을 날아다니던 주요 척추동물이라고 해도 손색이 없을 정도이다.

학술적으로 분류하자면 프테로사우루스는 크게 두 종으로 나뉜다. 하나는 원시적인 람포링쿠스(취구룡아목)이고 다른 하나는 그보다 더 진화한 프테로닥틸루스(익수룡아목)이다. 둘 중 먼저 진화한 쪽은 람포링쿠스로서, 공룡과 때를 맞추기라도 하듯 트라이아스기에 등장했다. 그러나 쥐라기 말이 되면 이미 쇠퇴하기 시작하여 프테로닥틸루스가 그 자리를 차지한다. 이후 공룡 시대가 끝날 때까지 프테로닥틸루스는 널리 세력을 떨쳤다. 람포링쿠스가 이미 멸종한 후까지도 말이다. 하지만 모리슨층 형성기에는 그 두 종이 함께 살고 있었다.

활짝 편 람포링쿠스의 날개 길이는 무려 2.5미터

먼저 람포링쿠스부터 살펴보자. 겉모습에 나타난 가장 큰 특징은 기다란 꼬리와 가느다란 날개이다. 더 자세히 말하자면 어깨뼈가 원시적으로 배치된 점을 들 수 있는데, 이 때문에 날갯짓하는 힘의 절반을 앞발 허벅지와 종아리에서 내야 한다. 어깨뼈 못지않게 튼튼한 뼈로 이루어진 앞발 넷째 발가락은 날개 앞쪽 가장자리를 따라 길게 이어진다. 몸통은 털로 덮여 있으리라 추정된다. 모리슨 평야 이외의 장소에서 몸통 털의 화석이 발견되기도 했거니와, 그렇게 추정하는 편이 더 합리적이기도 하다. 바쁘게 날아다니는 습성을 유지하려면 체온을 일정하게 유지해야 하고 신진대사도 활발해야 하는데, 여기에는 단열 효과가 있는 털이 중요한 몫을 하기 때문이다.

　모리슨층의 화석을 통해 밝혀진 가장 커다란 람포링쿠스아목은

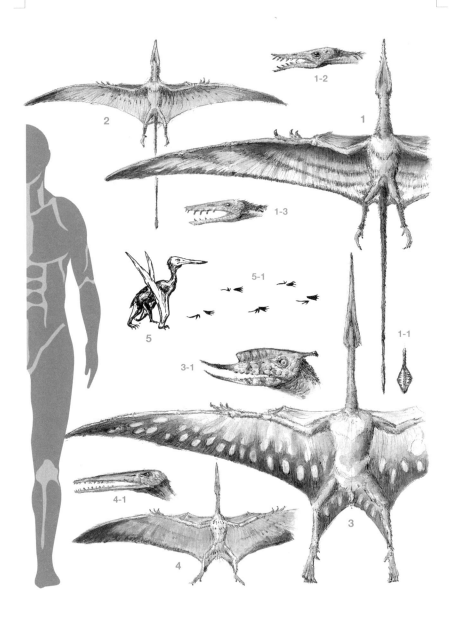

◀ **프테로사우루스**

1 모리슨 평야에 서식하는 가장 커다란 람포링쿠스아목 프테로사우루스인 코모닥틸루스와 하르팍토그나투스의 복원도. 이 두 종은 십중팔구 전체 모습이 비슷하고 색과 무늬만 달랐으리라고 추정된다. 각각 코모닥틸루스 오스트로미, 하르팍토그나투스 겐트리 한 종씩만 알려져 있다.

1-1 수직 방향으로 본 꼬리 깃털 확대도.

1-2 물고기를 먹고 살았던 다른 람포링쿠스의 머리 형태를 토대로 추측한 코모닥틸루스의 머리 부분.

1-3 독일에서 발견된 동시대의 친척 종 스카포그나투스의 머리뼈 화석을 토대로 추측한 하르팍토그나투스의 머리 부분.

2 유타닥틸루스 소형 람포링쿠스이다. 종은 유타닥틸루스 카테아이뿐이다.

3 케포닥틸루스 대형 프테로닥틸루스아목의 프테로사우루스이다. 종은 케포닥틸루스 인스페라투스 하나뿐이다.

3-1 중국에서 발견된 친척 종 준가리프테루스의 화석을 토대로 추측한 케포닥틸루스의 머리 부분.

4 메사닥틸루스 프테로닥틸루스아목의 소형 종이다. 종은 메사닥틸루스 오르니토스피오스 하나뿐이다.

4-1 독일에서 발견된 친척 종 프테로닥틸루스의 화석을 토대로 추측한 메사닥틸루스의 머리 부분.

5 땅 위의 프테로사우루스 걷는 자세를 상상한 그림이다.

5-1 프테로사우루스의 발자국. 발가락 네 개가 달린 뒷발 흔적 바깥에 발가락 세 개가 달린 날개 흔적이 보인다.

※ 여기 있는 그림은 모두 프테로사우루스의 날개가 뒷다리 무릎 부근과 이어졌다는 추정하에 그린 것들이다. 날개가 뒷발 복사뼈까지 뻗어 있을 수도 있고, 아예 다리와 연결되지 않은 채 몸통에만 붙어 있을 가능성도 있다.

코모닥틸루스Comodactylus이다. 이 익룡은 날개를 활짝 폈을 때 한쪽 끝에서 반대쪽 끝까지의 길이가 2.5미터에 이른다. 앞발 뼈 화석은 단 한 점만 발견되었기 때문에 이 한 점을 토대로 모양을 추정할 수밖에 없다. 프테로사우루스는 보통 물고기를 먹이로 삼았으리라 추정되므로 코모닥틸루스의 식생활 역시 비슷했을지도 모른다. 그러나 몸집이 꽤 커다란 점을 보면 공룡 주검을 뜯어먹었을 가능성도 있다. 덩치가 이쯤 되면 독수리 같은 대형 맹금류를 대할 때와 마찬가지로 주의하지 않으면 안 된다. 이렇게 커다란 몸집으로 하늘을 날려면 튼실한 근육을 갖출 수밖에 없으므로 식량 공급원이 될 만도 하지만, 이 점은 현지에서 직접 실험해 보는 수밖에 없다.

또 하나의 대형 람포링쿠스가 바로 하르팍토그나투스Harpactognathus로서 날개를 편 길이는 코모닥틸루스와 마찬가지로 약 2.5미터이다. 덧니처럼 불규칙한 이빨이 가장 큰 특징이다. 짧고 넓적한 턱에 날카롭고 곧은 이빨이 듬성듬성 돋아 있다. 정수리에는 볏이 나 있다. 코모닥틸루스의 머리뼈 화석은 발견된 적이 없기 때문에 둘 사이에 어떤 차이가 있는지는 밝혀지지 않았다.

같은 람포링쿠스아목에 속하는 유타닥틸루스Utahdactylus는 날개를 편 길이가 약 1.2미터로 다른 친척들보다 덩치가 작은 편이다. 이 공룡은 화석 증거가 부족하기 때문에 프테로사우루스의 일종으로 인정하지 않는 고생물학자도 있다. 그러나 모리슨 평야에서는 이 종에 속하는 소형 익룡도 볼 수 있을 것이다.

양 날개를 목발처럼 짚고 걷는 프테로닥틸루스

다음은 프테로닥틸루스아목 차례이다. 프테로닥틸루스의 꼬리는 밑동만 붙었다고 해도 좋을 만큼 짤따란 반면, 날개는 폭이 널따랗다. 앞발의 발목뼈는 람포링쿠스보다 꽤 길어서 허벅지 길이와 맞먹을 만큼 기다란 발을 형성한다. 날개의 나머지 부분은 람포링쿠스와 마찬가지로 앞발 뼈와 맞먹을 만큼 단단하고 기다란 넷째 발가락이 지탱한다.

프테로닥틸루스아목 중에서 가장 커다란 케포닥틸루스^{Kepodacty-}^{lus} 역시 코모닥틸루스처럼 날개를 편 길이가 2.5미터 정도이다. 케포닥틸루스는 중국의 백악기 퇴적층에서 화석으로 발견된 종과 친척 관계로 보인다. 중국에서 발견된 준가리프테루스^{Dzungaripterus}를 필두로 한 익룡 몇 종은 핀셋처럼 생긴 위아래 턱 끄트머리가 위쪽으로 둥글게 휘어 있고, 주둥이 깊숙한 곳에는 뼈로 된 돌기 구조가 늘어서 있다. 이러한 특징으로 보아 준가리프테루스는 조개를 먹고 사는 익룡으로서, 턱 끄트머리의 가느다란 부분으로 바위 틈새에서 조개를 끄집어내어 주둥이 속 돌기로 껍데기를 부수었으리라 추측된다. 물론 모리슨 평야의 하천에도 조개가 서식했으므로 케포닥틸루스 역시 조개를 즐겨 먹었을 가능성이 높다.

메사닥틸루스^{Mesadactylus}는 몸집이 조금 작아서 날개를 편 길이가 1.8미터 정도이다. 턱이 길고 가늘며 물고기를 잡기에 알맞은 이빨이 나 있어서 같은 아목의 케포닥틸루스보다 오히려 평균적인 프테로사우루스의 생김새를 더 닮았다. (이 둘이 실은 같은 동물이었다는 학설도 있다.) 아마 당신도 호수나 널따란 강의 수면에 닿을 듯 말 듯 날면서 물고기를 노리는 메사닥틸루스의 모습을 볼 수 있을 것이다.

모리슨층에는 프테로사우루스의 발자국이 화석으로 남아 있다. 이 공룡의 발자국은 모양이 매우 특이하기 때문에 금세 알아볼 수 있다. 발가락 네 개가 달린 발이 하층토를 꾹 누른 자국이 있고 그 바깥쪽에 날개를 구성하는 발가락의 흔적이 남는다. 한마디로, 목발에 의지하여 걷는 사람처럼 가늘고 긴 양 날개로 몸을 지탱하고 걸었을 가능성이 있다는 말이다. 어쩌면 당신도 모리슨 평야에 흐르는 하천의 모래사장이나 둑에서 이런 모양새로 걷는 프테로사우루스를 보게 될지도 모른다.

현대에는 신뢰할 만한 모습으로 복원된 프테로사우루스의 화석을 여러 점 볼 수 있지만, 날개 막의 배치에 관해서만큼은 여전히 논의가 끝나지 않은 상태이다. 날개 막의 앞쪽 가장자리가 기다랗게 뻗은 넷째 발가락과 연결되어 있다는 점에 대해서는 누구도 이론을 제기하지 않는다. 또한 앞발 전면부에도 막 구조가 있어서 이 막의 표면으로 부력을 더 얻는 동시에 날개를 움직여 비행 자세를 조정했으리라 추정된다. 날개 앞쪽은 그렇다 치고, 뒤쪽은 과연 어떤 모습이었을까? 뒷다리 뒤꿈치와 연결되었으리라는 학설이 있는가 하면, 뒷다리 무릎과 이어졌으리라는 설도 있다. 어떤 학자는 뒷다리에는 이어진 부분이 없고 대신 허리에 연결되었으리라고 주장한다. 그렇다면 꼬리는? 특히 람포링쿠스의 기다란 꼬리는 어떠했을까? 꼬리와 뒷다리를 연결하는 막은 분명히 존재했지만, 이 막은 날개 막에 이어져 있었을까? 아니면 따로 존재했던 부분일까? 이 막이 꼬리를 그냥 지나쳐서 양 뒷다리 안쪽을 곧장 연결했다는 학설까지 나오는 판국이다. 문제는, 화석에서 얻을 수 있는 정보가 부족한 탓에 논의를 마무리 지을 수 없다는 점이다. 1860년대 이후 독일 남부의 석판 석회암층에서는 고스란히 보존된 프테로사우루스 화석이 여러 점 발견되었다. 이 고운 석회암층은 유럽에서 모리슨 평야를 향해 출발한 모험가들이 건너왔던 바로 그 산호초 바닥에 형성된 지층이다. 프테로사우루스 화석은 세세한 신체 부분까지 남아 있기 때문에 날개 막의 구조도 한눈에 알아볼 수 있는데, 앞다리에서 뻗어 나와 부채꼴로 퍼지는 가느다란 섬유질이 날개 막을 지탱하고 있다. 이 점은 새의 깃털이 날개 뼈에서 시작하여 부채꼴로 넓어지는 것과 똑같기 때문에 구조 역시 비슷했으리라 추측된다. 그러나 이 화석들은 날개 뒤쪽이 어떻게 생겼는지에 대해서는 알려주지 않는다. 따라서 당신이 모리슨 평야에 사는 진짜 프테로사우루스를 본다면 과학계에서 무려 한 세기 반 동안이나 계속된 논쟁에 마침표를 찍을 수도 있을 것이다.

앞서 살펴본 악어와 마찬가지로 이러한 동물들의 몸 색깔이 어떠했는지는 상상조차 할 수 없다. 다만 현대의 하늘을 나는 동물들, 특히 새나 나비의 색으로 미루어 프테로사우루스의 날개에도 치장이나 식별을 위해 화려한 무늬가 그려져 있었을 가능성이 있다. 어쩌면 모리슨 평야의 높다란 하늘에, 나뭇가지가 드리운 캄캄한 그늘 사이로 햇살이 퍼져 나가는 숲 속에, 느긋하게 흘러가는 강물 위에, 프테로사우루스 떼가 눈부신 색채를 흩뿌리며 날갯짓하고 있을지도 모른다.

그리 머지않은 과거, 사람의 손길이 전혀 닿지 않은 지역에 처음 들어선 탐험가들은 그 지역에 사는 동물들이 대부분 온순하다는 사실을 발견했다. 오늘날에도 갈라파고스 제도를 찾은 관광객들은 가마우지나 군함새 같은 조류, 육지 이구아나와 바다 이구아나 같은 도마뱀류, 또 유명한 갈라파고스 코끼리거북 등을 볼 수 있다. 이들 중 어느 동물도 사람을 두려워하는 기색을 보이지 않는다. 다른 지역의 외딴섬에 사는 동물들도 마찬가지로 사람을 겁내지 않는다. 이러한 지역에는 포식자가 거의 없다. 따라서 이곳에 사는 동물들은 먹잇감을 찾아 눈을 희번덕거리는 포식 동물에 대항할 필요가 없었다. 그러다 보니 인간 또한 적으로 간주하지 않는다. 낯선 이에게 위험을 느낀 경험이 없기 때문에 도피 반응이 진화하지 못한 것이다.

모리슨 평야에 사는 작은 동물들의 처지에서는 이곳을 찾은 인간 또한 완전히 낯선 신참이다. 따라서 현대의 외딴섬에 사는 동물들이 그러하듯이 당신을 순순히 받아들여 주리라고 생각……하고 싶겠지만, 아쉽게도 일이 그렇게 술술 풀리지는 않을 것이다. 모리슨 평야는 위험이 가득한 땅이다. 인간 크기의 사나운 육식 동물이 잔뜩 서식하며 소형 동물들을 끊임없이 위협하고 있다. 어쨌거나 소형 동물들은 당신을 두려워할 테고, 가까이 다가서면 놀라서 달아날 것이다. 당신이 인간인 줄은 모를 테지만 어쨌거나 틀림없이 위험한 대상으로 인식할 것이기 때문이다.

들쥐를 닮은 선조님들 만나기

이제 모리슨 평야에서 만날 마지막 소형 동물을 소개할 차례이다. 그 주인공은 포유류, 바로 우리 인간의 먼 조상이다.

과학 책에 적힌 내용들은 모두 사실이다. 공룡 시대를 통틀어 포유류는 아주 조그맣고 별 볼 일 없는 동물이었다. 포유류는 공룡과 거의 비슷하게 트라이아스기에 등장했지만, 이후 줄곧 거대한 파충류의 다리 사이로 발발거리며 기어 다니거나 걸리적거리지 않도록 멀찍이 떨어져 있는 등 눈에 띄지 않는 자리에 머물렀다. 백악기에는 오소리 크기의 포유류가 살았는데 이 동물은 공룡 둥우리에서 새끼를 잡아먹은 흔적을 남겼다. 그러나 쥐라기 후기의 모리슨 평야에 사는 포유류는 모두 생쥐나 땃쥐만 한 크기의 겁 많고 조그마한 동물들이었다. 그러므로 시간을 거슬러 올라간 모험가인 당신 처지에서는 식별 방법 같은 것이 별로 중요하지 않을 수도 있다. 어차피 별로 볼 일도 없을 테니 말이다. 하지만 인류의 역사에서 보면 이들 포유류는 극히 중요한 존재이므로 비록 눈에는 잘 안 띌지언정 알아 둘 필요는 있다.

전형적인 원시 포유류는 몸집이 조그맣고 온몸이 털로 덮여 있다. 네 발은 짧고 가늘지만 재빨리 달아날 수 있을 만큼은 튼튼하다. 머리는 앞쪽이 뾰족하고 커다란 눈과 큰 귀, 감각 기관 노릇을 하는 수염이 달려 있다. 그리고 이빨은…… 그렇다, 이빨은 중요한 특징이다. 이빨의 크기와 배치가 포유류 화석을 분류하는 기준이 될 정도이다. 사실 쥐라기 포유류는 뼈보다 더 튼튼한 이빨만 화석으로 남은 경우가 많기 때문에 이빨을 제외한 신체 부위는 보통 추측에 의존하게 마련이다.

모리슨 평야에 가장 흔한 포유류이자 가장 커다란 포유류이기도 한 도코돈Docodon은 크기가 다람쥐 정도이다. 기다란 턱에 줄지어 돋은 이빨로 보아 잡식성으로 생각되며, 화석이 대부분 하천 바닥의 퇴적층에서 발견되는 점을 보면 물가에 살면서 땅과 물의 동식물을 모두 먹었으리라 추측된다. 이 점은 현대의 사향쥐와 비슷하다고도 할 수 있다. 하지만 턱의 구조는 매우 원시적이어서 다른 모든 포유류의 경우 귓속 깊숙이 들어 있는 뼈가 겉에 그대로 남아 있다. 이 점을 근거로 도코돈이 진짜 포유류가 아니라 포유류로 진화하는 출발점이 된 마지막 파충류라고 추정하는 학자도 있다.

모리슨 평야의 포유류 가운데 특히 흥미로운 동물이 바로 프루이타포소르Fruitafossor이다. 이 동물은 몸 전체의 생김새를 알 수 있는 화석이 발견되었다. 몸집은 고작해야 땃쥐 정도로 조그맣지만 그에 비해 앞다리가 터무니없을 만큼 커다랗다. 발은 괭이처럼 생겼기 때문에 흙을 파기에 알맞다. 자잘한 이빨은 수도꼭지처럼 생겨서 곤충 껍데기를 부수기에 적합하다. 어쩌면 프루이타포소르는 현대의 두더지처럼 구멍을 파고 그 속에 들어가 사는 포유류였을지도 모른다.

크테나코돈Ctenacodon은 다구치류에 속하는 포유동물이었다. 다구치류는 공룡 시대에 번성했지만 이미 멸종했기 때문에 현대에는 남아 있지 않다. 크테나코돈은 이빨에 돌기가 여러 개 돋아 있어서 치열이 마치 톱처럼 보인다. 몸집은 땃쥐 정도로 조그맣고 잡식성으로 추정된다. 모리슨층에서 턱과 이빨 화석이 발견되었다. 다구치류는 크테나코돈 말고도 조피아바타르Zofiabataar, 글리로돈Glirodon, 프살로돈Psalodon 등이 있다. 그중 프살로돈은 크기가 가장 커서 현대의 집쥐와 곰쥐 중간 정도이다.

에우트리코노돈Eutriconodon류는 어금니에 돌기가 세 개나 돋아 있어서 곤충 껍데기를 잘 부순다. 덩치가 비교적 큰 종은 도마뱀 같은 소형 척추동물까지 사냥했을 수도 있다. 이들 중 모리슨층에서 화석으로 발견된 종은 프리아코돈^{Priacodon}, 트리오라코돈^{Trioracodon}, 아플로코노돈^{Aploconodon}, 코모돈^{Comodon}, 트리코놀레스테스^{Triconolestes}가 있다. 크기는 모두 땃쥐에서 들쥐 사이 정도이며 지상에만 머물지 않고 나무에 기어오르거나 했을 가능성도 있다.

심메트리오돈^{Symmetriodon}도 어금니에 돌기가 세 개씩 돋았지만 에우트리코노돈과 달리 돌기들이 한 줄이 아니라 세모꼴로 배치되어 있다. 이 정도 차이만 해도 다른 집단으로 분류하기에 충분한 특징이다. 심메트리오돈류는 몸이 유연한 소형 무척추동물을 잡아먹었으리라 추측된다. 크기는 역시 땃쥐에서 들쥐 사이 정도이다. 모리슨층에서 확인된 심메트리오돈류는 암피돈^{Amphidon}, 티노돈^{Tinodon}, 에우릴람다^{Eurylambda}가 있다.

모리슨 평야에 사는 포유류 가운데 현대까지 살아남은 종과 가장 비슷한 종류는 드리올레스테스목^{Dryolestes目}이다. 어쩌면 이들 중에 우리 인간의 선조가 있는지도 모른다. 이들 역시 크기는 땃쥐에서 들쥐 정도이며 나무 위에 올라가 살았을 가능성이 있다. 모리슨층에서 확인된 종은 파우로돈^{Paurodon}, 아르하이오트리곤^{Arhaeotrigon}, 타티오돈^{Tathiodon}, 아라이오돈^{Araeodon}, 폭스랍토르^{Foxraptor}, 에우틀라스투스^{Euthlastus}, 펠리콥시스^{Pelicopsis}, 코모테리움^{Comotherium}, 드리올레스테스^{Dryolestes}, 롤레스테스^{Lolestes}, 암블로테리움^{Amblotherium}, 미클로티란스^{Miccylotyrans}가 있다. 앞서 살펴보았듯이 이들 포유류는 조그만 이빨의 모양이나 배열에 따라 구별되므로 당신이 보기에는 그저 뭔지 모를 조그마한 털북숭이 짐승이 양치류 사이로 쏙, 사라졌다 정도로만 느껴질 것이다.

생쥐나 들쥐와 닮은 데다 지능도 어느 정도는 있을 법한 우리의 이 먼 조상들은 시간을 거슬러 올라간 모험가의 마을에 조그마한 위협이 될지도 모른다. 이런 유의 잡식 동물은 식량이 저장된 곳의 위치를 알아차리면 금세 갉아먹어서 난장판으로 만들어 버리기 때문이다. 따라서 식량 창고는 지면에서 기어오르기 힘들게 버섯 모양으로 설계해야 할 것이다. 프루이타캄프사처럼 뛰어다니는 악어를 식량 창고 옆에 한 마리 묶어 놓고 경비견 대신 기르는 것도 한 가지 방법이다. 아니면 머리를 쥐어짜서 효과적인 도코돈 전용 덫을 만드는 편이 나을 수도 있다.

5장

지상 최대의 사냥꾼,
티라노사우루스의 조상을 만나다

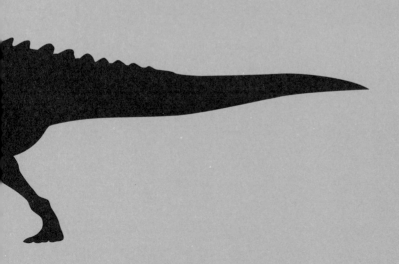

자, 이제 슬슬 본격적으로 시작해 보자. 여러분은 공룡을 보고 싶
어서 모리슨 평야에 왔다. 모리슨 평야가 유명한 까닭은 뭐니 뭐니
해도 공룡이 있어서이다. 이 땅이 우리 지구의 역사에서 그토록 중
요한 의미를 지니는 것 또한 공룡 덕분이다. 이곳의 지층에서 공룡
의 거대한 골격 화석이 발견된 덕분에 세계인들은 인류가 지상을
걷기 전에 존재했던 다양한 생물들에 주목할 수 있게 되었다.

공룡의 종류는 실로 다양하다. 따라서 우선 분류할 기준을 마
련할 필요가 있다. 실용적인 분류 기준은 다음과 같다.

- 당신에게 쓸모 있는 공룡
- 위험한 공룡
- 그 밖의 공룡들

아니면 전체적인 생김새에 따라 분류할 수도 있다.

- 당신이 떠올릴 수 있는 동물과 비슷한 크기의 공룡
- 당신이 아는 동물보다 커다란 공룡
- 초거대 공룡

습성에 따라 분류하는 것도 나쁘지 않은 방법이다.

- 초식 공룡
- 육식 공룡
- 잡식 공룡

하지만 일단은 동물학상의 계통에 따라 분류하는 것이 가장 좋을 듯싶다. 어차피 학자들도 공룡을 처음 발견했을 때부터 지금까지 이러한 방식으로 분류해 왔기 때문이다. 그 기준은 다음과 같다.

- 육식 수각류. 뒷다리로 빠르게 움직이며 사냥을 한다.
- 초식 용각류. 목이 기다란 대형 공룡이다.
- 초식 조각류. 대부분 작고 두 발로 걸으며 위험성도 적다.
- 갑옷을 두른 유형. 조각류에 가깝지만 피부가 딱딱하다.

앞다리가 짧고 등이 수평인 수각류 공룡

학명이 수각류獸脚類, Theropod인 육식 공룡은 용반류 공룡의 친척이다. 용반류라는 이름은 골반을 구성하는 뼈가 도마뱀과 비슷한 구조로 배열된 데서 유래했다. 이러한 지식은 실용성의 관점에서 보면 별로 중요하지 않지만 그래도 학자들은 이를 기준으로 공룡을 분류한다. 당신이 모리슨층에서 만날 육식 공룡은 모두 이 계통에 속한다.

수각류는 육식성이기 때문에 입을 크게 벌릴 수 있도록 턱이 기다랗고 이빨도 날카롭다. 몸통은 비교적 날씬한 편이며 튼튼한 뒷다리 한 쌍이 몸통을 떠받친다. 앞다리는 뒷다리보다 크기가 작고, 발가락은 보통 세 개씩 달렸으며 끄트머리에 날카로운 발톱이 나 있다. 머리는 앞쪽으로 쑥 내민 모양새이고 등은 수평이다. 이처럼 앞으로 기울어진 자세를 유지하기 때문에 발톱이 달린 앞발과 이빨로 사냥감을 강하게 공격할 수 있다. 이러한 체형의 균형을 잡아 주는 부위가 바로 뒤쪽으로 길게 뻗은 굵직한 꼬리이다.

조금은 재미없고 두루뭉술한 설명 같겠지만, 그래도 위의 사항들은 모든 육식 공룡에 해당하는 중요한 공통점이다. 게다가 이러한 기본 틀 속에 존재하는 공룡들의 모습과 크기는 그야말로 제각각이다. 생활양식과 사냥 방법 또한 틀림없이 매우 다양할 것이다. 모리슨층에서 출토된 공룡 골격 화석은 밝혀진 속만 해도 대여섯 가지나 된다. 오늘날 유명한 화석 출토층 한 곳에서 여섯 가지 속의 화석이 발견된다는 말은 곧 이 여섯 속의 공룡들이 같은 시대, 같은 장소에서 서식했다는 뜻이다. 함께 살아가기 위해 이들은 분명히 저마다 다른 동물을 먹이로 삼아야 했을 것이며, 서로를 건드리지도 않았을 것이다. 한마디로 모리슨 평야는 사냥꾼들의 천국이었다. 그러니 방심은 절대 금물이다! 안전한 삶을 누리고 싶다면 우선 공룡을 식별할 줄 알아야 한다.

그럼 이제 작은 공룡부터 시작하여 커다란 공룡까지 크기순으로 살펴보도록 하자.

'새 도둑' 오르니톨레스테스

모리슨층에 사는 육식 공룡 가운데 가장 작은 종이 바로 오르니톨레스테스Ornitholestes일 것이다. 몸통은 고양이만 하지만 덩치에 비해 머리가 크고 목도 길다. 꼬리가 매우 길어서 전체 몸길이는 2미터가 넘는다. 수각류 공룡은 대부분 발가락이 세 개이지만 오르니톨레스테스는 발가락이 네 개 달렸다. 다만 넷째 발가락은 크기가 아주 작아서 멀리서는 눈에 안 띄기 때문에 얼핏 보면 세 발가락 공룡으로 보일 것이다. 가장 안쪽에 달린 발가락은 다른 두 발가락보다 힘이 세고 앞발에서 툭 불거져 나온 형태이므로 사람으로 치면 엄지손가락처럼 보인다.

이 공룡은 매우 민첩한 소형 사냥꾼이다. 어쩌면 포유동물이나 도마뱀처럼 조그마한 사냥감을 쫓아 양치식물 사이로 달리는 모습이 눈에 띨지도 모른다. 첫인상은 오늘날 지상에 서식하며 동물을 잡아먹는 육식 조류의 일종, 예컨대 아프리카의 뱀잡이수리와 비슷할 것이다. 오르니톨레스테스의 앞발은 날쌘 동물을 꽉 붙들 수 있도록 진화한 모양새이다. 오르니톨레스테스라는 학명을 문자 그대로 풀이하면 그리스어로 '새 도둑'이라는 뜻이다. 이 공룡의 화석을 처음으로 연구한 때는 1903년이었는데, 당시 학자들이 낮게 나는 새를 뛰어올라 붙잡을 만큼 민첩한 공룡이었으리라고 추측한 데서 이 같은 이름이 유래했다. 실제로 이러한 모습을 그린 상상도가 여러 점 존재한다. 게다가 이러한 그림 속에서 먹잇감이 되는 동물은 모리슨 평야에서 보면 같은 시대에 지구 반대편에 살았던 시조새(아르카이옵테릭스)이다. 모리슨 평야에서는 이러한 상상이 그저 상상으로 끝날 공산이 크다. 이곳에서는 시조새이든 아니면 다른 유형의 새이든 간에 조류가 서식했던 증거로 삼을 만한 화석이 발견되지 않았기 때문이다. 그렇다고 해서 이 땅에 새가 아예 안 살았다는 말은 아니다. 그저 화석 증거가 아직 발견되지 않았을 뿐이다.

당신이 모리슨 평야에서 만나기를 기대하는 다른 모든 동물과 마찬가지로 오르니톨레스테스 역시 피부색이 어떠했는지, 또 몸의 표면이 어떤 상태였는지에 대해서는 전혀 알 길이 없다. 이 공룡은 원래 대형 도마뱀처럼 비늘 모양 가죽에 뒤덮인 모습으로 그려졌다. 그러나 최근 밝혀진 바에 따르면 민첩한 소형 수각류는 대부분 깃털이나 솜털로 몸이 뒤덮여 있었으며, 덕분에 날렵한 체격에 걸맞게 활동적인 정온 동물의 생활 방식을 유지할 수 있었다. 따라서 당신은 깃털, 그것도 십중팔구 새처럼 화려한 깃털로 뒤덮인 이 날렵한 소형 사냥꾼을 만날 날을 기대해도 좋을 것이다. 다만 이러한 상상의 근거는 다른 동물이 남긴 화석 증거뿐이다. 유럽에서 발견된 콤프소그나투스Compsognathus 화석에서 알 수 있듯이 이 시

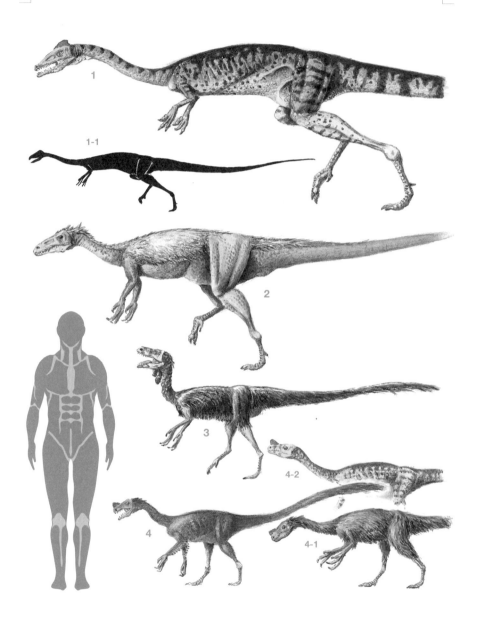

◀ **소형 수각류**

1 엘라프로사우루스 탄자니아에서 거의 온전한 상태로 발견된 화석을 토대로 그린 복원도. 머리와 앞발은 추측한 모습이다. 여기서는 피부를 털 대신 비늘 모양 가죽에 덮인 모습으로 그렸다.

1-1 꼬리까지 포함한 전신 실루엣. 탄자니아에서 발견된 엘라프로사우루스 밤베르기가 유일한 종이다. 모리슨층에서 발견된 엘라프로사우루스는 아직 종 이름을 부여받지 못했다.

2 타니콜라그레우스 여기서는 몸 절반이 가느다란 깃털에 덮인 모습으로 그렸다. 종은 타니콜라그레우스 토프윌소니뿐이다.

3 코엘루루스 화식조를 참조하여 온몸이 깃털에 뒤덮인 모습으로 그려졌다. 코엘루루스 프라길리스와 여전히 의문에 싸인 코엘루루스 그라킬리스, 이렇게 두 종이 있다.

4 오르니톨레스테스 크기가 비슷하고 양호한 상태로 발견된 다른 수각류의 화석을 단서로 그린 복원도. 이른바 공룡 솜털dino-fuzz, 즉 짧고 원시적인 깃털로 뒤덮인 모습으로 그렸다.

4-1 키위처럼 날지 못하는 새를 단서로 삼아 좀 더 기다란 깃털에 덮인 모습으로 그린 오르니톨레스테스.

4-2 도마뱀처럼 피부가 그대로 노출된 모습으로 그린 오르니톨레스테스. 종은 오르니톨레스테스 헤르만니 하나뿐이다.

기의 다른 소형 수각류가 도마뱀과 비슷한 비늘 모양 가죽으로 덮여 있었다는 증거는 여러 점 남아 있으므로, 모든 수각류가 깃털을 보유했다고 말하기는 힘들다. 그러니 두 발로 걷는 대형 도마뱀처럼 생긴 오르니톨레스테스와 맞닥뜨릴 각오도 해 두는 편이 좋을 것이다. 이 공룡의 몸이 깃털로 덮였는지 아니면 비늘 모양 가죽으로 덮였는지는 현지에 가서 직접 확인하는 수밖에 없다.

물론 오르니톨레스테스를 만나지 못할 가능성도 있다. 아주 흔한 공룡으로 보이지는 않기 때문이다. 현대에 발견된 오르니톨레스테스의 화석은 고작 한 점뿐이다. 게다가 머리뼈 화석의 눈구멍 부분이 비슷한 덩치의 다른 수각류보다 훨씬 크다. 이는 곧 눈이 커다랬을 가능성을 시사하므로, 어쩌면 올빼미처럼 밤에 사냥을 했을지도 모른다. 당시의 포유류는 십중팔구 야행성이었을 테니 오르니톨레스테스 역시 밤에 이 동물들을 잡아먹었을 수도 있다. 어떤가, 올빼미와 매우 비슷하지 않은가?

그렇다면 오르니톨레스테스는 위험한 공룡일까? 마주치지 않도록 피할 방법을 미리 마련해야 할까? 아마도 그럴 것이다. 따라서 가까이 다가가지 않는 편이 좋을 것이다. 그렇다고 당신을 직접 위협하거나 하지는 않을 것이다. 어쨌거나 덩치는 당신 쪽이 훨씬 더 크기 때문에 오히려 오르니톨레스테스가 당신을 더 두려워할 수도 있다. 다만 궁지에 몰아넣거나 달아날 길을 막아서거나 했다가는 틀림없이 사납게 반격할 것이다. 마치 뱀처럼 말이다.

들판을 질주하는 코엘루루스

코엘루루스Coelurus는 골격의 구조가 오르니톨레스테스와 거의 비슷하다. 그러나 몸길이는 조금 더 길고 몸통 크기가 여우와 비슷하기 때문에 체중도 약 두 배 정도 나간다. 오랫동안 오르니톨레스테스와 같은 공룡으로 여겨졌으나 잘 살펴보면 중요한 차이가 몇 가지 드러난다. 코엘루루스는 오르니톨레스테스보다 몸길이가 길 뿐만 아니라 목도 더 길고 가늘다. 또한 앞다리는 더 짧고 뒷다리는 더 길다. 현대의 학자들은 이러한 차이점을 화석을 통해 저절로 알게 되었지만, 살아 있는 실물을 직접 마주한다면 외관상의 차이가 훨씬 더 두드러질 것이다. 현대 세계의 새들을 보면 덩치가 비숫할지라도 생김새와 색깔이 제각각이듯이, 이 두 종류의 공룡 역시 몸 색깔도 생김새도 다를 것이기 때문이다.

문제는, 코엘루루스의 화석 증거가 몇 점 발견되기는 했지만(따라서 오르니톨레스테스보다 흔한 공룡이었으리라고 추측할 수 있다) 머리뼈는 아직까지 한 번도 출토된 적이 없다는 사실이다. 체격이 비슷한 점으로 미루어 두 종류 모두 같은 동물을 먹이로 삼았으리라 생각되지만 야행성 사냥꾼이었던 오르니톨레스테스와 달리 코엘루루스는 낮에 사냥을 했을 가능성도 있다.

이 두 공룡 사이에는 한 가지 중요한 차이점이 있다. 바로 다리뼈 길이의 비율이다. 코엘루루스는 넓적다리뼈에 비해 정강이뼈와 발목뼈가 매우 길다. 이러한 다리 골격은 일반적으로 달리기 속도가 빠른 동물의 상징이다. 속이 치밀한 넓적다리뼈는 다리를 움직이는 근육이 모두 이곳에 집중되어 있고 발과 발가락은 힘줄로 움직였다는 증거이다. 이러한 동물은 발이 굉장히 가볍기 때문에 날렵하게 움직일 수 있다. 현대 세계의 초원에 사는 영양의 생김새를 보면 그 점이 잘 드러난다. 영양은 바깥쪽으로 벌어진 발가락 대신 가벼운 발굽이 달렸고, 정강이는 길고 가늘며, 엉덩이와 어깨 끄트머리에 다부진 근육이 붙어 있다. 그런데 갑자기 속도를 높일 수 있다고 한들 밀림에서는 그 능력을 제대로 발휘할 수가 없다. 따라서 코엘루루스는 탁 트인 범람원에 서식한 반면 오르니톨레스테스는 잎이 무성하게 우거진 하천가의 수풀 속에 살았으리라 추정된다. 이 점 또한 현지에 가면 직접 확인할 수 있을 것이다.

늑대만 한 타니콜라그레우스에게 인간이란?

이들보다 체급이 한 단계 위인 공룡이 바로 타니콜라그레우스^{Tany-}colagreus이다. 기본적으로는 앞서 살펴본 두 공룡과 같은 종류이지만 몸길이가 더 길어서 3.4미터에 이른다. 고생물학자들은 타니콜라그레우스의 화석을 처음 발견했을 때 커다란 오르니톨레스테스라고 생각했다. 이 공룡은 오르니톨레스테스와 비슷하게 앞다리가 길지만 코엘루루스처럼 뒷다리로 달린다.

자, 지금부터 당신이 상대할 공룡들은 덩치가 늑대만 하다. 공룡은 이 정도 크기부터 위험한 존재가 되기 시작한다. 몸집이 이쯤되면 당신을 위협하는 정도가 아니라 아예 식량으로 간주할 것이기 때문이다. 이 정도 신장과 체격을 갖춘 동물은 소형 포유류나 도마뱀만으로는 만족하지 못한다. 녀석들은 속을 더 든든히 채워줄 사냥감을 찾아다닐 것이다. 조각류(7장 참조) 같은 소형 초식공룡도 틀림없이 먹잇감으로 삼을 텐데, 바로 이 조각류의 몸집이 우리 인간과 비슷하다는 점을 명심해야 한다.

모리슨 평야의 우사인 볼트, 엘라프로사우루스

엘라프로사우루스^{Elaphrosaurus}는 다리가 길고 몸매가 호리호리하다. 이 공룡은 탄자니아에서 머리 없는 골격 화석이 한 점 출토되었는데 여기서 얻은 것 이상의 정보는 알려진 바가 없다. 모리슨층에서는 뼛조각 화석 두 점이 발견되었을 뿐이다. 만약 당신이 오스트레일리아에서 출발하여 곤드와나 대륙을 가로지르는 경로를 통해 이곳에 도착했다면 도중에 엘라프로사우루스를 목격했을지도 모르지만, 다른 길을 택했다면 그저 모습을 상상하는 데 머물 수밖에 없다.

엘라프로사우루스는 호리호리한 체격의 중형 수각류 공룡으로서 크기는 사자만 하지만 몸통은 훨씬 가늘다. 기다란 목과 꼬리를 지녔으며 길게 뻗은 뒷다리로 달린다. 밝혀진 바를 토대로 추정하자면 달리기 실력이 매우 뛰어났을 듯싶다. 아마도 모리슨 평야에서는 가장 빠른 달리기 선수였을 것이다. 하지만 머리뼈와 턱뼈 화석이 없어서 문제이다. 이 두 부위가 없으면 머리 모양이 어떠했는지, 더 나아가 무엇을 먹고 살았는지 알 길이 없기 때문이다. 그밖의 골격을 근거로 판단하자면 앞서 살펴본 소형 공룡과 가까운 친척 관계로 보이며, 체격을 감안하면 오로지 조그마한 동물만 사냥했으리라 추측된다. 그렇다면 머리는 가늘고 기다란 형태이고 이빨은 아주 자잘할 수도 있다. 어쨌거나 지금으로서는 모리슨층에서 발견된 조그마한 이빨 화석이 엘라프로사우루스의 것으로 인정되니 말이다. 그렇다고 만만하게 보면 절대 안 된다. 덩치가 사자만 한 공룡에게 인간 크기의 동물은 사냥감에 지나지 않는다. 따라서 당신에게는 위험하기 짝이 없는 상대이다. 방심은 절대 금물이다.

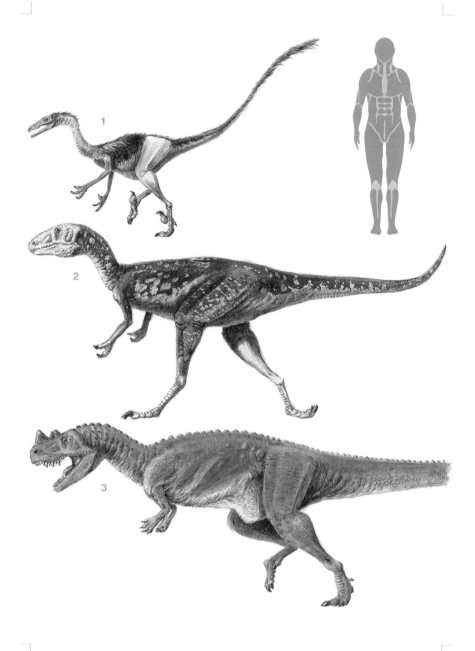

◀ **중형 수각류**

1 코파리온 이빨 화석만 남아 있다. 평균적인 트로오돈트를 토대로 추측한 복원도. 트로오돈트는 주로 백악기 후기부터 화석으로 출토되기 때문에 그림 속의 종은 극히 초기의 것일 수도 있다. 뒷발의 살상용 발톱을 잘 보라. 종은 코파리온 더글라시뿐이다.

2 스토케소사우루스 티라노사우루스과에 속할 가능성이 있다. 역시 백악기 후기에 번성한 집단의 극히 초기에 해당하는 모습으로 추정된다. 종은 스토케소사우루스 클레벨란디뿐이다.

3 케라토사우루스 여러 종을 토대로 그렸기 때문에 의문의 여지가 있는 복원도이다. 머리의 뿔과 등의 우둘투둘한 인갑을 보라. 케라토사우루스 나시코르니스(그림 참조), 케라토사우루스 딘티술카투스, 케라토사우루스 마그니코르니스(덩치가 가장 크고 코에 커다란 뿔이 있는 종) 등 세 종이 있다.

그 밖의 중형 수각류

모리슨 평야에서 만나게 될 소형 및 중형 수각류는 앞서 살펴본 네 종뿐만이 아니다. 출토된 화석으로 미루어 훨씬 더 많을 것이다. 문제는, 화석이 대부분 조각조각 남아 있기 때문에 어떤 모습을 한 공룡들이 기다리고 있을지 도무지 짐작할 수가 없다는 점이다.

그 예로 스토케소사우루스Stokesosaurus를 한번 살펴보자. 이 공룡의 화석은 엉덩이뼈와 척추뼈, 머리뼈 조각 등 몇 점이 발견된 바 있다. 이를 근거로 판단하자면 타니콜라그레우스와 비슷한 크기였을 듯싶다. 이 두 공룡이 실은 같은 속이었다는 학설도 있다. 그러나 대부분의 화석 증거는 스토케소사우루스가 티라노사우루스Tyrannosaurus의 초기 형태였을 가능성을 시사한다. 스토케소사우루스는 백악기 후기에 지상 최고의 사냥꾼으로서 등장한 후손들, 즉 거대한 티라노사우루스나 타르보사우루스^{Tarbosaurus}와 달리 작고 민첩한 몸집의 소유자였다.

다음은 마르소사우루스^{Marshosaurus} 차례이다. 크기는 엘라프로 사우루스와 비슷하지만 체격은 훨씬 다부지다. 사실 이 공룡에 관해서는 짧지만 매우 힘센 앞다리를 지녔다는 점밖에 알려지지 않았다. 아마도 이 부근의 대형 육식 공룡, 즉 알로사우루스속^{Allosaurus屬}의 조그마한 친척뻘로 추측된다. 마르소사우루스 역시 경계해야 할 상대이다.

마지막으로 코파리온^{Koparion}이 있다. 가장 알쏭달쏭한 공룡이 바로 이 코파리온이다. 작고 들쑥날쑥한 톱날 모양 이빨 화석밖에 남아 있지 않기 때문이다. 고생물학자들이 비교 대상으로 삼을 만한 유일한 공룡은 백악기 후기의 민첩하고 사나운 공룡 트로오돈트^{Troodont}뿐이다. 트로오돈트류는 오스트레일리아에 사는 화식조만한 경량급 공룡으로, 뒷다리에 살상력이 있는 날카로운 발톱이 달렸다. 코파리온의 실물을 만날 수 있을지 없을지는 확실치 않다. 이는 곧 모리슨 평야의 들판이나 숲에 서식하는 동물에 대해 앞으로 밝혀야 할 내용이 산더미처럼 남아 있다는 의미이기도 하다.

전형적인 육식 공룡, 대형 수각류의 등장— 몸길이 8미터, 용의 풍모를 지닌 케라토사우루스

드디어 진짜 괴수, 바로 대형 육식 공룡이 등장할 차례이다. '공룡'

이라는 말을 들었을 때 사람들의 머릿속에 제일 먼저 떠오르는 모습이 바로 이 공룡들의 위용일 것이다.

모리슨 평야의 공룡들 가운데 현대인이 상상하는 전설 속 용(龍)의 모습과 가장 비슷한 공룡을 꼽으라면, 역시 케라토사우루스(Cer-atosaurus)이다. 이 공룡은 머리에 뿔이 나 있다. 코 위에 커다란 뿔이 한 개, 눈 위에 그보다 작은 뿔이 한 쌍 자리 잡고 있다. 이빨은 턱 크기에 비해 상당히 큼직하다. 등 중앙부는 들쑥날쑥 솟아 있다. 움직임은 당시의 다른 대형 공룡들보다 민첩하다. 실은 이 지역에 사는 다른 대형 육식 공룡과 비교하면 꽤 원시적인 공룡이라고 할 수 있다. 같은 속의 공룡이 이 시대보다 조금 앞선 트라이아스기 후기부터 쥐라기 초기에 걸쳐 전성기를 누렸기 때문이다. 케라토사우루스의 화석은 탄자니아와 포르투갈, 심지어 스위스에서도 발견되었으므로 분명히 꽤 널리 서식했을 듯싶다. 크기만 놓고 따지면 이곳에서 만나게 될 수각류들 가운데 가장 크다고 할 수는 없다. 전체 몸길이는 8미터, 허리 근처에서 잰 키는 약 2.5미터이다. 앞다리는 짤따랗고 발가락 네 개 역시 뭉뚝하므로 턱과 커다란 이빨만으로 사냥감의 숨통을 끊었으리라 추정된다. 그러나 움직임이 날렵하기 때문에 만만히 볼 수 있는 상대는 결코 아니다.

모리슨 평야에는 한 종 이상의 케라토사우루스가 서식하고 있으리라 추정된다. 고생물학자들은 조각조각 남은 화석의 크기와 비율을 계산하는 것만으로 종 사이의 차이점을 밝혀낼 수 있다. 당신도 공룡의 모습에 익숙해지고 나면 색이나 무늬의 차이만으로 구별할 수 있을 것이다. 케라토사우루스 정도 크기의 공룡은 몸에 깃털이 없었을 것으로 보인다. 이들은 신진대사가 활발하고 움직임 또한 매우 활동적이었지만, 깃털 같은 단열재 없이도 체온을 조절할 수 있었을 것이다. 무엇보다 몸집이 거대하기 때문에 체온을 오랫동안 일정 수준으로 유지할 수 있었으리라 추정된다. 따라서 유독 눈에 띄는 저 화려한 몸 색깔은 외부에 그대로 노출된 피부의 색깔이다. 머리에 솟은 뿔과 등에 울룩불룩 돋은 돌기는 의심할 것도 없이 힘을 과시하고 존재감을 드러내기 위한 도구이다. 이러한 관점에서 보면 화려한 피부색 또한 새의 볏과 마찬가지로 눈에 잘 띄기 위한 수단일 것이다.

그럼 케라토사우루스 같은 괴수를 만날 수 있는 장소는 어디일까? 다른 대형 수각류와 비교할 때 케라토사우루스의 꼬리는 매우 두껍고 유연하다. 이는 곧 훨씬 더 뻣뻣한 꼬리를 지닌 다른 대형 수각류보다 수영에 능숙했을지도 모른다는 증거이다. 사실 케라토사우루스는 커다란 이빨로 얕은 개울이나 물웅덩이에 사는 대형 폐어를 사냥하면서 때로는 악어까지 잡아먹었던 어식 공룡으로 추측되기도 했다.

잠복형 사냥꾼 알로사우루스, 따돌릴 수 있을까?

자, 다음은 모리슨 평야에서 다산多産의 상징으로 통하는 육식 공룡 알로사우루스 차례이다. 알로사우루스는 이 시대의 수각류 중에서 가장 커다란 몸집을 자랑할 뿐만 아니라 새끼도 가장 많이 낳는 공룡으로 추정된다.

현대의 고생물학자들은 특정 지역에 서식하는 식물의 양과 그 양으로 살아갈 수 있는 초식 동물의 수를 가정하여 해당 지역에서 이들을 잡아먹으며 살 수 있는 육식 동물의 수가 얼마나 되는지를 연구한다. 이러한 계산 방식을 모리슨기의 이 지역에 적용하면 케라토사우루스의 경우에는 100제곱킬로미터당 약 열 마리 정도가 살 수 있다. 그보다 더 큰 알로사우루스는 같은 넓이의 땅에서 두 마리 내지 여섯 마리가 살 수 있다는 결론이 나온다. 그러나 직접 증거인 화석은 이 계산과 모순되는 결과를 보여 준다. 모리슨층의 암석에서는 알로사우루스의 화석이 다른 어느 육식 공룡보다도 더 많이 출토되었기 때문이다. 다 자란 알로사우루스의 평균 몸길이는 약 8.5미터이고 몸무게는 1000킬로그램에서 4000킬로그램 정도이다. 크기가 이쯤 되면 현대의 육식 동물 중에서는 아쉽게도 비교할 만한 대상 자체가 존재하지 않는다. 따라서 몸무게가 하마 정도 되는 육식 동물을 상상하는 수밖에 없다.

알로사우루스의 머리는 앞뒤 길이가 짧지만 큼지막하다. 눈 위에는 조그마한 뿔 한 쌍이 돋아 있다. 이 뿔은 케라토사우루스의 뿔보다 길이는 짧지만 색깔이 선명해서 케라토사우루스와 마찬가지로 힘을 과시할 용도로 쓰였으리라 추정된다. 이빨은 케라토사우루스와 비교하면 더 촘촘히 나 있다. 치열은 앞니 쪽으로 갈수록 커지고 두꺼워지는 반면 어금니 쪽으로 갈수록 짧고 평평한 칼날 모양에 가까워지는데, 모든 이빨이 톱날처럼 들쭉날쭉하다. 위아래 턱은 입을 크게 벌릴 수 있도록 폭이 넓을 뿐 아니라 양쪽 가

◀ **대형 수각류**

1 토르보사우루스 덩치는 크지만 원시적이다. 모리슨 평야에서 볼 수 있는 가장 커다란 수각류일 수도 있다. 종은 토르보사우루스 탄네리뿐이다.

2 알로사우루스 모리슨 평야에서 볼 수 있는 대형 수각류 가운데 가장 수가 많다. 튼튼한 턱과 양 앞발의 발톱을 보라. 모리슨 평야에 서식하는 종은 크게 셋으로 나눌 수 있다. 알로사우루스 프라길리스, 알로사우루스 짐마드세니, 그리고 어쩌면 사우로파가낙스로 잘못 알려졌을 수도 있는 알로사우루스 막시무스이다. 그 밖의 종으로는 포르투갈에서 화석이 발견된 알로사우루스 에우로파이우스, 탄자니아에서 화석이 발견된 알로사우루스 텐다구렌시스가 있다.

1-1, 2-1 토르보사우루스와 알로사우루스의 실루엣.

3 사우로파가낙스 알로사우루스와 거의 비슷하지만 좀 더 크다. 종은 사우로파가낙스 막시무스뿐이다.

※ 에드마르카. 토르보사우루스와 친척일 가능성이 있지만 신뢰할 만한 수준으로 복원하기에는 밝혀진 것이 너무 적다. 에판테리아스. 알로사우루스의 일종일 가능성이 있다. (그림 없음)

장자리가 바깥쪽으로 팽창할 수 있어서 커다란 고깃덩이를 집어삼키기에 알맞다. 목에 붙은 근육을 보면 강력한 힘으로 머리를 망치처럼 휘두를 수 있었으리라 추측된다. 사냥을 할 때에는 턱을 한껏 벌리고 위쪽 이빨로 살아 있는 동물의 살을 힘껏 물어 엄청난 고통을 주었을 것이다.

잠깐, 발톱을 조심하라! 발가락이 세 개 달린 알로사우루스의 앞발은 넓게 퍼지기 때문에 당신의 머리를 꽉 붙잡을 수도 있다. 발가락에는 고기를 매달아 놓는 갈고리처럼 생긴 커다란 발톱이 달려 있는데 모두 독수리의 발톱처럼 매끈한 각질로 덮여 있다. 가장 커다란 발톱이 달린 첫째 발가락은 엄지손가락처럼 안쪽을 향하고 있다. 앞다리의 힘은 케라토사우루스보다 훨씬 더 강력하다. 이 앞다리와 발톱을 사용하여 커다란 사냥감을 꽉 붙들고 찍어 누른 다음, 거대한 주둥이로 잘근잘근 뜯어먹는 것이다.

뒷다리 힘도 세기는 마찬가지이지만 넓적다리와 정강이의 비율을 보면 빨리 달릴 수 있도록 진화하지는 않았을 듯싶다. 알로사우루스의 뒷발은 발가락이 세 개 달렸으며 끄트머리로 갈수록 바깥쪽으로 넓어진다. 발끝에도 발톱이 달렸는데 이는 살상용이 아니라 몸무게를 떠받치는 용도로 진화했을 테지만, 사냥을 할 때에는 아마도 똑같이 사용되었을 것이다. 발 뒤쪽에 달린 며느리발톱은 땅에 닿지 않는다. 알로사우루스는 아마도 초식 공룡을 기다리며 잠복해 있다가 한순간 갑자기 속도를 높여 우물쭈물하는 사냥감을 덮쳤을 것이다. 알로사우루스의 두개골을 연구하여 밝혀낸 결과 또한 이러한 추측을 뒷받침한다. 두개골만 보면 악어와 비슷하게 반응했으리라 추측되기 때문이다. 즉, 가까이서 무언가 움직이는 기척이 느껴지면 그쪽으로 고개를 돌려 덥석 물었을 것이다. 따라서 당신이라면 아주 간단하게 이러한 동물을 따돌릴 수 있다. 무엇보다 당신은 몸집이 너무 작기 때문에 상대로 쳐주지도 않을 것이다. 게다가 언젠가 결국 마주친다 하더라도 당신이라면 거뜬히 달아날 수 있다. 어쨌거나 이러한 것들은 모두 추측에 지나지 않는다. 살아 있는 알로사우루스는 예상 밖의 행동으로 당신을 깜짝 놀라게 할 것이다.

다 자란 알로사우루스의 모습은 앞서 설명한 바 그대로이지만, 새끼는 조금 다르다. 어린 알로사우루스의 골격 화석을 보면 다리뼈의 위아래 비율이 어른 알로사우루스와 다르다. 다 자란 놈에 비해 넓적다리뼈가 짧아서 전형적인 달리기 선수형 동물처럼 보이는 것이다. 며느리발톱 역시 어른에 비해 훨씬 두드러지게 튀어나와 있어서 사냥감을 쥘 때 사용되었으리라 추측된다. 어린 알로사우루스는 생활 방식 또한 어른과 뚜렷이 달라서, 앞서 살펴본 소형 및 중형 수각류의 일부와 같은 방법으로 같은 먹잇감을 사냥한다. 같은 먹잇감…… 그렇다. 바로 당신이다.

만나는 것 자체가 행운, 희귀 수각류 사우로파가낙스

아니, 아직 끝나지 않았다. 더 큰 수각류가 남아 있다! 이 공룡은 대체 뭘까? 양치류를 짓밟아 뭉개고, 은행나무를 밀어 쓰러뜨리고, 아름드리 침엽수의 줄기와 줄기 사이로 스치듯 다가오는 거대한 몸집. 얼핏 보면 알로사우루스와 닮았다. 그런데 덩치가 엄청나다.

　이름은 사우로파가낙스Saurophaganax. 알로사우루스과의 공룡이지만 덩치가 1.2배나 된다. 크기로 따지면 힘센 티라노사우루스와 맞먹을 정도이지만, 티라노사우루스가 진화를 마치고 등장하는 것은 쥐라기 후기인 지금으로부터 8000만 년 후의 일이다. 사우로파가낙스를 알로사우루스속의 일종으로 보는 학자도 있다. 이 두 공룡은 생김새가 매우 비슷하기 때문에 구별할 단서라고는 척추뼈의 미세한 차이뿐이다. 물론 크기 자체도 단서가 되기는 하지만 말이다. 다른 공룡들과 마찬가지로 사우로파가낙스 또한 알로사우루스와 다른 종으로 판명된다면 그 차이는 몸 색깔이나 피부 무늬처럼 겉으로 보이는 특징일 것이다. 사우로파가낙스는 매우 드문 공룡이다. 이때껏 발견된 화석도 고작 두 점에 지나지 않는다. 게다가 살았던 시기도 꽤 짧아서 모리슨층 형성기의 마지막 얼마 동안만 생존했으리라 추측된다. 따라서 이 괴수를 못 만나고 넘어갈지도 모른다는 불안을 떨치기가 힘들다.

알로사우루스의 친척에 해당하는 거대한 공룡이 하나 더 있다. 에판테리아스Epanterias로 불리는 이 공룡의 화석은 지금까지 목뼈에 해당하는 일련의 화석과 어깨뼈 파편, 발뼈 한 점밖에 발견되지 않았다. 어디까지나 기본적으로는 알로사우루스과에 포함되지만 크기가 무려 1.2배나 된다. 지금 단계에서는 새로운 속으로 분류해야 할지 아니면 알로사우루스속의 일종으로 인정해야 할지 확실히 단정하기 힘들다. 에판테리아스 역시 그리 쉽게 만나지는 못할 것이다.

몸길이 9미터, 몸무게 2톤, 거대한 토르보사우루스

초대형 공룡은 또 있다! 토르보사우루스Torvosaurus 역시 덩치로 알로사우루스를 능가하는 수각류 공룡이다. 골격 화석이 일부만 발견되었기 때문에 진정한 크기는 아직 밝혀지지 않았다. 모리슨층에서 출토된 화석 가운데 가장 큰 것을 토대로 판단하자면 몸길이는 9미터, 몸무게는 약 2톤에 이른다. 그러나 포르투갈에서 발견된 화석 파편을 보면 이 공룡의 전체 길이는 사우로파가낙스마저 뛰어넘었을 수도 있다. 만약 토르보사우루스를 실제로 목격한다면 알로사우루스보다 훨씬 육중한 몸과 기다란 머리 및 턱, 그리고 강력한 앞다리 덕분에 알로사우루스와 쉽게 구별할 수 있을 것이다. 이빨 또한 알로사우루스보다 훨씬 크므로 먹이로 삼은 동물 역시 달랐으리라 추정된다.

알로사우루스와 마찬가지로 토르보사우루스에게도 화석 파편으로만 확인되는 친척뻘 공룡이 있다. 바로 에드마르카Edmarka라는 공룡이다. 토르보사우루스와 다른 점은 두개골 파편에서 확인된 미묘한 차이뿐이다. 어쩌면 에드마르카는 토르보사우루스의 일종에 지나지 않는지도 모른다.

그 많던 육식 공룡은 누가 다 먹여 살렸을까

케라토사우루스, 알로사우루스, 사우로파가낙스, 토르보사우루스, 그리고 아마도 에판테리아스와 에드마르카까지. 이렇게 늘어놓고 보니 대형 육식 공룡의 종류는 실로 다양하다. 이들이 어떻게 한 장소에서 다 같이 살 수 있었을까? 어쩌면 이렇게 생각해 볼 수도 있겠다. 그러니까 토르보사우루스는 사우로파가낙스가 등장하기 전에 이미 멸종했고, 에판테리아스는 실제로는 사우로파가낙스이며, 에드마르카는 사실 알로사우루스라고 말이다. 하지만 이렇게 가정한다 하더라도 수많은 공룡이 포식 동물 집단의 맨 윗자리를 차지한 것만은 분명해 보인다.

현대에는 이러한 일이 불가능하다. 어느 곳이든 자연적으로 형성된 생태계에서는 포식 동물의 정점에 단 한 종만이 군림할 수 있다. 아프리카의 초원에서는 사자가, 인도의 밀림에서는 호랑이가, 캐나다의 삼림 지대에서는 늑대가 그 주인공이다. 따라서 동일한 서식 환경에 그토록 많은 대형 육식 공룡이 살 수 있었다면 틀림없이 우리가 아직 모르는 극히 복잡한 생태계가 존재했을 것이다. 이 정도 육식 동물 집단에 영양을 넉넉히 공급할 만큼 초식 동물이 많이 서식하는 환경이라니, 도대체 어떤 곳일까?

맨 먼저 떠오르는 가설은 육식 공룡이 실제로는 대형 초식 공룡의 생살을 조금씩 뜯어먹고 살았으리라는 것이다. 즉, 이따금씩 초식 공룡 무리에 쳐들어가 살아 있는 사냥감의 살을 한 뭉텅이 덥석 물어뜯는 식이다. 다음 장에서 살펴볼 테지만 모리슨 평야의 초식 공룡 중에는 이 정도 부상을 입고도 거뜬히 살아남아 성장할 만큼 커다란 종도 존재한다. 이러한 유형의 사냥 방식은 현대의 해양 생태계에서도 찾아볼 수 있다. 예컨대 향유고래의 경우 범고래에게 몸을 뜯기고도 죽지 않는다. 만약 육식 공룡의 사냥법도 이와 같다면 초식 공룡 집단은 부상을 입어도 회복하여 개체 수를 꾸준히 유지할 수 있고, 따라서 육식 공룡이 공격할 때마다 번번이 식량을 제공할 수 있다. 게다가 이렇게 하면 육식 공룡 처지에서도 사냥감의 숨통을 끊느라 막대한 에너지를 낭비할 필요가 없다. 알로사우루스의 머리는 망치를 휘둘러 때리는 방식으로 타격을 가할 수 있는데 어쩌면 바로 이런 식의 포식 행동에 적응한 결과인지도 모른다. 케라토사우루스의 평평한 칼날 모양 이빨 역시 같은 용도로 쓰였을 수도 있다.

또 한 가지 가설은 이른바 '생태 지위 분할'이다. 즉, 육식 공룡은 속마다 제각각 해당 생태계의 특정 장소에서 특정 방식에 따라 생활하며 특정 동물만을 사냥할 뿐, 다른 속의 서식 장소에 침입하지 않는다는 것이다. 이 가설이 참이라면 당신에게는 기쁜 소식이라고 할 수 있다. 만약 알로사우루스가 오로지 초식 공룡인 아파토사우루스만 잡아먹는다면, 타니콜라그레우스가 캄프토사우루스만 잡아먹는다면, 또 케라토사우루스는 악어만 잡아먹는다면, 당신은 이들에게 습격당할 리가 없다. 당신을 잡아먹을 사냥감으로 인식하지 않을 것이기 때문이다. 이 공룡들에게 당신은 존재하지 않는 것이나 마찬가지이다. 그러나 단지 현대의 고생물학자들이 육식 공룡의 행동 양식에 대해 제시한 가설이라는 이유만으로 앞서 말한 정보를 철석같이 믿어서는 안 된다. 이는 당신이 마주칠 어떤 공룡의 행동에 대해서도 마찬가지이다. 야생 환경에 사는 공룡을 찬찬히, 당신 눈으로 직접 관찰하여 그 습성을 예측할 수 있을 때까지 절대 방심해서는 안 된다. 또한 위험해 보이는 동물은 멀리해야 한다는 옛사람들의 조언에 귀를 기울여야 한다. 이때 필요한 것이 바로 끝이 뾰족한 도구와 불이다.

초식 공룡을 가축으로 삼고 사냥을 시작하라

만약 당신이 지금 이 책을 읽고 있다면, 당신이 살아가는 사회에는 육식 동물을 사냥하는 관습이 이미 사라지고 없을 것이다. 그러나 시간을 거슬러 쥐라기 후기로 이주할 생각이라면 당신은 사냥 기술을 다시금 몸에 익혀야 한다.

맨 먼저 떠오르는 이유는 바로 방어이다. 일단 초식 공룡을 길들여 가축으로 삼는 데 성공하면, 그다음에는 호시탐탐 노리는 육식 동물로부터 이들을 지켜야 할 필요가 생긴다. 드리오사우루스이든 아니면 캄프토사우루스이든 초식 공룡을 길들여 울타리 안에 여럿 가두어 놓으면, 주변에 사는 케라토사우루스나 알로사우루스는 이들을 먹잇감으로 삼으려고 눈독을 들일 수밖에 없다. 게다가 가축화된 짐승은 야생에 사는 짐승보다 살집도 더 포동포동하므로 분명 터무니없이 많은 육식 공룡이 꾸역꾸역 모여들 것이다. 시간을 거슬러 올라간 모험가라면 제 한 몸 지키는 일쯤은 당연히 할 수 있어야 한다. 이 말은 결국 방어라는 측면만 고려한다고 해도 정착지 주변에 서식하는 사나운 수각류의 수를 줄이는 편이 현명하다는 뜻이다.

이보다 덜 분명하기는 하지만, 육식 동물을 사냥해야 할 이유는 그 밖에도 존재한다. 역사를 보면 사나운 육식 동물과 직접 접촉한 민족은 예외 없이 사냥에 상징성을 부여하여 의식으로 승화시켰다. 고대 아시리아의 왕들은 사자 사냥을 왕의 사명 가운데 하나로 여겼다. 백성을 보호하는 일은 왕으로서 마땅히 지켜야 할 의무이므로 당시에는 시대에 걸맞게 사자 사냥이 성대한 의식의 한 부분이었다. 마찬가지 이유로 빅토리아 여왕 시대 영국의 지배층은 식민지 인도에서 사자 사냥에 몰두했다. 그들은 인도 각지의 마하라자, 즉 토후국을 다스리는 왕으로부터 사냥의 특권을 빼앗았다. 그 후 지배층에 속하는 영국인 문관이 인도에 여럿 진출하면서 사냥 습관은 인도 대륙 전역으로 퍼져 나갔다.

현대에도 동아프리카의 마사이족은 사자 사냥을 통과의례로서 지키고 있다. 마사이족 젊은이는 사냥에 참가하여 용기와 능력을 증명해야 비로소 한 사람 몫을 하는 성인으로 인정받을 수 있다. 이때 창 한 자루와 방패 한 개만 들고 사자와 맞서지 않으면 안 된다. 지금은 사자 수가 줄어 사냥에는 젊은이 한 명 한 명이 아니라 여럿이 함께 참가한다. 이는 어디까지나 의식이기 때문에 전통에 따라 몇 가지 엄격한 제한이 따른다. 늙어서 기력이 쇠한 사자나 굶주려서 힘이 없는 사자를 표적으로 삼으면 안 된다는 규칙은 사냥을 더욱 위험하게 한다. 한편으로는 멸종을 막기 위해 암사자 사냥을 금하는 등 생태학적으로 타당한 규칙도 있다.

반면에 북아메리카 원주민의 늑대 사냥은 사정이 전혀 다르다. 이들은 부족이 위협을 당할 때에만, 즉 부득이하게 필요할 때에만 늑대 사냥에 나섰다. 사냥이 끝난 후에는 늑대의 영혼을 위로하는 의식이 벌어졌다는 점만 보더라도 이들이 좋아서 사냥을 한 것이 아님을 알 수 있다. 하지만 아파치족의 경우에는 마사이족과 마찬가지로 젊은 전사가 통과의례로서 늑대나 곰, 퓨마 따위를 죽이는 관습이 있었다. 이 같은 상황은 유럽인이 북아메리카에 이주하기 시작하면서 완전히 바뀌었다. 1630년대 이후 뉴잉글랜드의 식민지 정부가 주거지를 보호할 목적으로 이민자나 원주민이 늑대를 죽일 경우 보상금을 지불하는 제도를 만든 것이다. 그러나 세월이 흐르면서 이 같은 필요성은 점점 줄어들었고, 다른 지역의 사냥 관습이 대개 그러했듯이 북아메리카의 늑대 사냥 또한 과시의 수단으로 전락했다. 살아남기 위해 반드시 필요한 행동이 아니라 일종의 스포츠로 탈바꿈한 것이다.

딱 잘라 말하기는 힘들지만 어쩌면 모리슨 평야의 이주지에서도 이런저런 이유 때문에 앞서 말한 의식이 되살아날 수도 있다. 그리하여 나중에는 사냥이 관습이 되고 더 나아가 문화적 특색의 일부로서, 또는 단순한 스포츠로서 길이 남게 될지도 모른다.

6장

온순한 초식 공룡과 더불어
살아갈 방법을 찾자

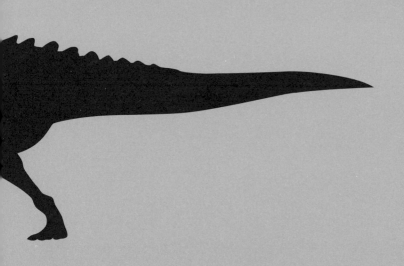

목의 각도에 따라 식사법이 결정되는
용각류 초식 공룡

드넓은 모리슨 평야를 빙 둘러보라. 뭐가 보이는가? 거대한 공룡들이 무리 지어 서성거리다가 숲에서 숲으로 이동하고 있다. 코끼리만한 이 거구들은 아득히 먼 곳에 서 있을 때는 한 덩어리로 뭉쳐 보이지만, 걸음을 옮길 때면 피어오른 흙먼지 사이로 하나하나 모습이드러난다. 좌우로 구불구불 움직이는 기다란 목과 그 끝에 붙은 조그마한 머리. 채찍처럼 휘어져 허공을 때리는 꼬리.

이들이 바로 긴 목 초식 공룡, 이름 하여 용각류龍脚類, Sauropod이다. 19세기에 학자들이 모리슨층의 화석을 처음으로 연구한 이래이 땅의 이름을 드높인 주역이기도 하다.

용각류는 도마뱀과 비슷한 골반을 지닌 용반속의 하나로서 육식 수각류의 친척뻘이다. 수각류와 마찬가지로 기본적인 체형은모두 비슷하지만 그 속에 다양한 변종이 존재한다. 이 점 또한 수각류와 마찬가지이다.

자, 그럼 몸통부터 살펴보기로 하자. 용각류는 모두 초식 공룡이다. 육식 공룡과 비교하면 음식물을 씹어서 영양분을 추출하는 데에만도 상당히 복잡한 소화 기관이 필요하다. 결국 기다란 장과 커다란 위장, 그리고 음식물을 잘게 부수고 발효시키는 데 필요한 내장 기관도 몇 개 갖추어야 한다. 이들 기관은 나름의 무게와 부피를 지닌다. 볼기뼈의 모양을 보면 이들 기관의 무게는 허리부터 앞쪽에 있는 몸통에 실리는 것으로 보인다. 그렇다면 몸의 무게 중심이 꽤 앞쪽에 존재하므로 수각류와 비슷했던 조상들과 달리 뒷발로 서서 무게를 잡기가 불가능하다. 따라서 용각류는 네 발로 걷는 공룡이다.

다음으로 다리를 살펴보자. 기둥처럼 굵고 곧은 다리가 몸통 바로 아래에 붙어 있다. 다른 파충류들의 모습을 보고 이미 눈치챘겠지만, 용각류의 무거운 몸통은 다리와 다리 사이에 축 늘어지듯이 걸려 있는 대신 넓적다리 뿌리 부분에 의해 탄탄하게 지탱된다. 이는 사실 두 발로 걷는 공룡을 포함하여 모든 공룡에게서 나타나는 특징이다. 골격을 보면 발끝으로 서서 걸었을 듯싶지만 실제로는 뒷발과 앞발의 밑동에 쐐기 모양 연골이 단단히 박혀 있어서 이 부분으로 몸무게를 떠받친다. 현대 세계에 사는 코끼리의 발과 같은 구조이다.

작고 가벼운 머리는 기다란 목의 끄트머리에 붙어 있다. 이 목의 각도가 속에 따라 다르기 때문에 식사법을 결정하는 단서가 된다. 목과 등뼈, 꼬리뼈는 척추뼈 위쪽을 따라 길게 이어진 거대한 근육으로 연결되어 있다. 이 구조가 무거운 꼬리와 무거운 목의 균형을 잡아 준다고도 할 수 있다. 꼬리가 기다란 채찍처럼 생긴 종도 있지만 모두 그렇지는 않다. 이상이 용각류의 생김새이다.

모리슨층에서 발견된 화석의 양을 보면 이곳에 거대한 용각류 공룡이 잔뜩 살았다고 추측하는 것도 무리는 아니다. 이곳 지형의 대부분을 차지하는 범람원의 퇴적층은 지층으로 남는 경우가 드물다. 더 정확히 말하자면, 뚜렷하게 분화한 층으로 남지 않는 경우가 많다. 그 이유는 이른바 '생물 교란bioturbation'이라는 현상 때문이다. 공룡 수천 마리가 이리저리 함께 이동하면서 육중한 발로 땅을 밟다 보니 지표면의 흙이 심하게 뒤섞이고 만 것이다. 거대한 초식 공룡이 그토록 많이 살았다는 것은 곧 그들의 서식 환경이 어떠했을지 예상할 수 있는 단서가 된다. 기후를 연구한 결과에 따르면 모리슨 평야에는 비가 내리지 않는 기간이 길어서 건기가 오랫동안 지속되었으리라 추정된다. 그럼에도 불구하고 이들 용각류 공룡은 꿋꿋이 살아남아 먹이를 구하는 데 성공했다. 그 이유는 이곳의 평원이 매우 기름졌을 뿐 아니라 식물이 번성하는 데 필요한 수분을 빗물이 아닌 다른 공급원으로부터 구했기 때문이라고 보아야 할 것이다. 아마도 지표면 바로 아래에 지하수면이 있었거나, 평야와 달리 정기적으로 많은 비가 내리는 서부 산악 지대의 암반으로부터 물이 쉬지 않고 흘러나와 늘 지하수를 보급해 주었을 것이다.

이런저런 다양한 속들 가운데 먼저 키가 가장 큰 속과 몸길이가 가장 긴 속을 살펴보자.

기다란 목, 기다란 코, 흔한 공룡 카마라사우루스

모리슨 평야의 공룡 무리를 통틀어 가장 흔한 용각류, 더 나아가 아예 이 지역에서 가장 흔한 공룡을 꼽자면 역시 카마라사우루스 Camarasaurus이다. 이 공룡은 몸길이보다 키가 더 두드러지는 유형에 속한다.

　카마라사우루스의 머리는 네모꼴에 가까운 모양이며 콧구멍이 커다랗다. (학자들은 이 특징을 근거로 키 큰 용각류에게 '코가 큰 공룡'이라는 뜻의 마크로나리스macronaris라는 별칭을 붙였다.) 콧구멍이 이렇게 커다란 까닭에 대해서는 해석이 분분하기 때문에 오랜 세월 동안 논의가 끊이지 않았다. 어떤 학자는 콧구멍 안쪽에 축축한 막이 있어서 모리슨 평야의 건조한 공기를 차단하는 구실을 했으리라고 추정한다. 이와 다른 견해도 있다. 코끼리처럼 기다란 코를 고정하는 부분이었으리라는 추측이다. 후자의 견해에 반대하는 학자들은 기다란 코를 충분히 떠받칠 만큼 커다란 근육이 붙어 있기에는 뼈 부분이 너무 작다고 주장한다. 어느 쪽이 옳든 간에, 그토록 기다란 목을 이미 가졌는데 거기에 기다란 코까지 가져야 할 이유가 과연 있을까? 어쨌거나 고생물학자들의 이러한 의문은 살아 있는 용각류를 직접 관찰하면 간단히 풀릴 것이다. 관찰은 누가 하냐고? 물론 당신이!

　카마라사우루스는 위아래 턱이 넓적하고 나뭇잎처럼 생긴 튼튼한 이가 줄줄이 나 있다. 이렇게 생긴 치아는 나뭇가지의 거칠거칠한 이파리를 훑기에 편리하지만 음식물을 씹거나 갈아 으깨는 데에는 그리 적합하지 않다. 카마라사우루스는 이렇게 생긴 이빨로 아마도 높이가 2미터에서 5미터쯤 되는 나무의 가지에 붙은 이파리를 뜯어먹었을 것이다. 이 정도 높이의 이파리라면 목을 쭉 뻗으면 쉽게 닿기 때문이다. 목은 용각류 중에서는 비교적 짧은 편이며 꼬리도 마찬가지이다. 몸통은 코끼리처럼 굵직하다. 다리는 다른 용각류들과 마찬가지로 앞다리가 뒷다리보다 짧다. 그러나 어깨의 위치가 꽤 높기 때문에 등은 거의 수평을 이룬다. 발가락은 앞발과 뒷발 모두 다섯 개이며 앞발의 첫째 발가락에는 방어 수단으로 추측되는 커다란 발톱이 붙어 있다.

다 자란 카마라사우루스는 몸길이가 약 18미터이며 몸무게는 18톤이나 된다. 모리슨 평야에는 여러 종이 서식한 듯싶지만, 이들이 살았던 시기를 정확히 밝히기는 힘들다. 쥐라기 초기에 살았던 주요한 종이 진화하여 두 가지 종, 즉 이들보다 작은 종과 최대 길이가 23미터에 이르는 종으로 분화했으리라 추측된다. 그러나 이러한 추측을 뒷받침할 명확한 증거는 아직 없다. 현지에 도착해서 보면 모든 종이 함께 살아가고 있을지도 모른다. 물론 단 한 종밖에 없을 가능성도 있다.

카마라사우루스는 모리슨 평야에 가장 흔한 공룡이었지만 습성에 대해 밝혀진 바는 그리 많지 않다. 출토된 화석들은 오히려 서로 모순되는 증거를 보여 준다. 어떤 곳에서는 가족으로 여겨지는 어른 공룡 두 마리와 새끼 공룡 한 마리의 화석이 함께 발견되었다. 반면에 다른 곳에서는 공룡이 걸어가면서 낳았으리라 추측되

4

4-1　　　　　　　　4-2

1

3

2

◀ **용각류 초식 공룡**

1 카마라사우루스 모리슨 평야의 용각류 중에서 수가 가장 많았으리라 추정된다. 큰코공룡류(마크로나리스)가 다 그렇듯이 카마라사우루스도 높은 어깨 위치와 수직에 가까운 목, 네모꼴 두개골 같은 특징 덕분에 디플로도쿠스와 구별된다. 카마라사우루스 수프레무스, 카마라사우루스 그란디스, 카마라사우루스 렌투스, 카마라사우루스 레위시 등 4개 종이 있다.

2 이름이 정해지지 않은 큰코공룡류 카마라사우루스와 매우 비슷하지만 목이 짧고 머리뼈 모양은 카마라사우루스와 브라키오사우루스의 중간형에 가깝다.

3 브라키오사우루스 모리슨 평야에서 가장 키가 큰 공룡이다. 종은 브라키오사우루스 알티토락스가 유일하다.

4 용각류의 식사법

4-1 디플로도쿠스속 용각류 무리의 식사법. 곡선을 그리며 먹어 치운다. 곡선의 형태는 목 길이와 목을 휘젓는 방법에 따라 결정된다.

4-2 디플로도쿠스나 큰코공룡류가 목을 길게 뻗어 높은 위치의 먹이를 먹는 모습.

※ 디살로토사우루스Dysalotosaurus는 엄청나게 커다란 척추뼈 한 점만 화석으로 남아 있다. 수와세아는 매우 원시적인 디플로도쿠스류로 추정된다. (그림 없음)

는 한 줄로 늘어선 공룡 알 화석이 발견되기도 했다. 이 화석 증거는 둥우리를 짓는 습성을 지니고 가족 단위로 살았으리라는 견해와 상충한다. 그러니 어쨌든 현지에 직접 가서 당신 눈으로 확인하는 수밖에 없다.

하루 종일 먹기만 하는 브라키오사우루스

이 공룡은 아득히 멀리서도 한 눈에 알아볼 수 있다. 육중한 발이 지축을 울리며 일으킨 흙먼지와 키 작은 덤불 위로, 조그마한 머리가 달린 기다란 목이 이리저리 채찍처럼 흔들린다. 이놈도 큰코공룡류(마크로나리스)에 속하지만 이 근방에서는 가장 키가 크다. 바로 브라키오사우루스이다.

모리슨 평야에서는 브라키오사우루스 화석이 카마라사우루스 화석에 비해 매우 드물게 발견된다. 그럼에도 전체 모습을 밝힐 수 있었던 것은 지구 반대편인 탄자니아에서 거의 온전한 상태의 골격 화석이 출토된 덕분이다. 현대의 모든 박물관을 통틀어 가장 장대한 골격 화석, 즉 베를린의 훔볼트 자연사 박물관에 진열된 실제 형태의 브라키오사우루스 골격 표본은 바로 이 화석을 복원한 것이다. 탄자니아에서 발견된 이 화석은 현재 기라파티탄Giraffatitan이라는 별도의 속으로 분류되지만 브라키오사우루스와 거의 흡사하기 때문에 여전히 전체 모습을 추정하는 근거로 쓰인다. 우리나라의 계룡산 자연사 박물관에는 이보다 더 큰 브라키오사우루스 골격 표본이 전시되어 있다. 미국 와이오밍 주의 모리슨 층에서 출토된 이 골격 화석은 전체 길이 25미터에 키 16미터, 추정 무게는 80톤이나 된다. 원형 보존율이 무려 85퍼센트로 세계 최고 수준이며, 심지어 '청운이'라는 깜찍한 이름까지 붙어 있다. ―옮긴이

이미 예상했겠지만 브라키오사우루스의 몸통은 코끼리처럼 불룩하다. 이론의 여지가 없을 만큼 두드러지는 특징은 바로 앞다리 길이이다. 브라키오사우루스는 용각류 가운데 드물게 앞다리가 뒷다리보다 더 길다. 어깨뼈 위치도 높을 뿐 아니라 척추뼈에는 가시 모양 돌기가 줄줄이 나 있어서 등이 어깨부터 허리까지 아래로 경사져 있다. 이 높다란 어깨가 바로 목을 고정하는 부분이다. 브라키오사우루스의 목은 위쪽으로 무려 13미터까지 뻗을 수 있다. 13미터는 탄자니아에서 출토된 골격 화석을 토대로 추정한 수치로서, 현재까지 북아메리카에서 발견된 화석들은 이보다 조금 짧

다. 친척뻘인 사우로포세이돈Sauroposeidon은 그보다 훨씬 더 크지만
이 종이 등장하는 백악기 초기까지는 아직 4000만 년이나 남았다.

머리뼈는 카마라사우루스보다 폭이 넓고 위아래 턱도 넓적해서
개구리를 연상케 한다. 턱뼈는 두껍고 이도 굵직한 숟가락 모양이
다. 이 또한 키 큰 나무의 가지에서 거칠거칠한 잔가지나 이파리를
훑듯이 따먹는 데에 적응한 형태이다. 따라서 아마도 침엽수나 은
행나무처럼 커다란 나무를 식용으로 삼았을 것이다. 다만 이런 형
태의 치아로는 삼킨 먹이를 입 안에서 씹을 수 없기 때문에 그대로
삼킨 듯 보인다. 한 마리가 하루에 200킬로그램에서 400킬로그램
이나 되는 식물을 섭취했으리라 추정되므로 어쩌면 하루 종일 식
사만 하면서 지냈을지도 모른다.

꼬리는 길이가 짧아서 지면을 스치지 않고 허공에 대롱거린다.

브라키오사우루스의 몸무게는 가벼우면 약 15톤, 무거우면 약
80톤으로 추정되지만 이 수치는 둘 다 극단적인 경우이다. 실제 무
게는 그 둘 사이의 중간 정도일 것이다.

꼬리 치는 공룡 디플로도쿠스

모리슨 평야의 용각류 중에는 큰 키를 자랑하는 큰코공룡류뿐만
아니라 기다란 몸길이를 자랑하는 집단도 있다. 바로 디플로도쿠
스과Diplodocus科의 공룡들로서, 그중에서도 가장 유명한 공룡이 디
플로도쿠스이다.

디플로도쿠스는 용각류 가운데 가장 알아보기 쉽다. 카마라사우루스를 비롯한 친척뻘 공룡들과 비교하면 체격이 가냘프고 긴 목은 수평으로 뻗어 있으며, 꼬리 끄트머리도 기다란 채찍처럼 휘어지기 때문이다.

크기에 대해서는 해석이 분분하므로 학자마다 제시하는 추정치도 다르다. 다만 몸길이는 약 28미터이며 그중 8미터는 목 길이이고 4미터는 몸통 길이, 나머지는 꼬리 길이라는 추정이 타당해 보인다. 현대 과학자들의 최신 연구에 따르면 디플로도쿠스의 머리는 늘 지표면에서 약 1미터 높이 안쪽에 위치했으며, 쭉 뻗어도 고작 4미터 정도밖에 올라가지 못했다. 이 길쭉한 머리는 목과 직각으로 붙어 있기 때문에 목을 수평으로 뻗으면 입이 아래쪽을 향하게 된다. 디플로도쿠스는 아마도 이러한 자세로 지면의 식물을 먹었으리라 추측된다. 적어도 습도가 높은 지대에서만큼은 범람원의 지표면을 가득 덮은 키 작은 양치류나 소철류를 뜯어먹었을 듯싶다. 이빨이 닳은 점 또한 이러한 추측을 뒷받침하지만, 이빨에 남은 다른 흔적을 보면 때로는 더 높은 위치에 있는 식물을 먹었을 가능성도 있다. 디플로도쿠스는 몸이 비교적 가벼운 데다 기다란 꼬리의 무게중심이 허리 부근에 위치하기 때문에 어쩌면 이따금씩 뒷다리로 서서 나무의 높은 가지를 먹었을지도 모른다. 목이 높이 달린 큰코공룡류에 대항할 때에도 이러한 자세를 취했을 것이다. 또한 목뼈 화석을 토대로 근육 조직의 움직임을 추정해 보면 머리를 다리보다 낮게 숙이는 동작이 가능했다는 것을 알 수 있다. 만약 디플로도쿠스가 수중 식물을 주로 섭취했다면 이러한 움직임이 큰 도움이 되었을 것이다. 하천이나 호수 가장자리에 서서 기다란 목을 쭉 뻗어 물속에 자란 속새 같은 수중 식물을 뜯어먹을 수 있기 때문이다. 입을 보면 연필처럼 곧은 이빨 여러 개가 입 앞쪽에만 마치 쇠스랑의 살처럼 줄지어 나 있다.

머리와 턱은 큰코공룡류보다 훨씬 갸름하고 콧구멍은 눈과 비슷한 높이에 자리 잡고 있다. 콧구멍 자체는 이마 근처에서 시작하여 살이 두툼한 코를 통해 두개골의 비강과 이어져 있으리라 추측된다.

디플로도쿠스의 겉모습에는 논란을 불러 일으키는 특징이 한 가지 더 있다. 물론 실제로 한 번 보면 논쟁에 마침표를 찍을 수 있겠지만 말이다. 디플로도쿠스와 그 친척뻘 공룡들의 골격 화석을 보면 원뿔 모양 돌기가 등뼈를 따라 가시처럼 길게 이어져 있는 듯하다. 이 돌기의 재질은 뼈보다 뿔에 더 가까운데, 남아 있는 화석 증거는 한 마리 몫뿐이다. 이 증거를 어떻게 해석해야 할지는 아직 확실히 밝혀지지 않았을뿐더러, 디플로도쿠스속의 모든 개체에 해당하는 특징인지 아닌지조차도 확정되지 않았다. 그러나 막상 모리슨 평야에 도착하고 나면 용각류의 세세한 신체 특징을 이모저모 따지기에 앞서 더 시급한 문제(식량을 구하거나 안전을 확보하는 등)에 눈을 돌리게 될 것이다

디플로도쿠스는 무리 지어 생활했으며 평야를 건너 이동할 때에는 무리 한가운데에 새끼들을 두고 보호했으리라 추정된다. 높이 쳐든 꼬리가 이쪽저쪽으로 흔들리는 모습이 눈에 선히 보이는 듯하다. 꼬리 끝이 채찍처럼 휘는 까닭은 아마도 습격해 오는 수각

◀ **디플로도쿠스속 용각류 1**

1 아파토사우루스 아파토사우루스 아약스, 아파토사우루스 엑셀수스, 아파토사우루스 로우이사이, 아파토사우루스 파르부스 등 4개종이 있다.

2 에오브론토사우루스 아파토사우루스와 닮았지만 목이 두껍다. 종은 에오브론토사우루스 야나핀이 유일하다.

3 수와세아 모리슨 평야에 사는 용각류 중에 가장 작다. 종은 수와세아 에밀리에아이뿐이다.

4 디플로도쿠스 아파토사우루스보다 몸길이가 길고 몸통도 홀쭉하다. 디플로도쿠스 롱구스, 디플로도쿠스 카르네게이, 디플로도쿠스 하이 등 3개 종이 있었는데 여기에 세이스모사우루스가 디플로도쿠스속으로 인정되면서 디플로도쿠스 할로룸으로 추가되었다.

4-1 가시 모양 돌기가 나 있는 상상도. 이러한 돌기가 달린 화석 증거는 단 한 마리만 발견되었다.

류로부터 몸을 지키기 위해서일 것이다. 아니면 힘을 뽐내기 위해서일 수도 있다. 꼬리를 채찍처럼 휘두르면 그 소리가 몇 킬로미터 떨어진 곳까지 들릴 것이다. 흙먼지가 많이 날리는 모리슨 평야에서는 멀리 있는 디플로도쿠스 무리가 자욱한 먼지에 가려 안 보일 때도 있겠지만, 이 채찍 휘두르는 소리를 들으면 틀림없이 그들 뒤를 따라갈 수 있을 것이다.

디플로도쿠스의 거대한 가족 세이스모사우루스

디플로도쿠스보다 훨씬 더 커다란 용각류가 바로 세이스모사우루스Seismosaurus이다. 이 공룡의 존재는 모리슨층의 남쪽 지역에서 발견된 골격 화석 한 모음을 통해 밝혀졌다. 디플로도쿠스와 매우 비슷하지만 꼬리뼈에 몇 가지 분명한 차이점이 드러나는데, 몸길이

가 무려 36미터였으리라 추정된다. 세이스모사우루스는 하나의
속을 이루는 대신 십중팔구 디플로도쿠스속의 거대한 종 하나에
지나지 않을 것이다. 지은이의 말대로 세이스모사우루스는 현재 디플로도쿠스속의 한 종으로 분
류되며, 이름 또한 디플로도쿠스 할로룸Diplodocus hallorum으로 바뀌었다. - 옮긴이

이 골격 화석은 뼈 자체보다 오히려 출토된 장소가 더 흥미롭다.
불모지대인 염호의 퇴적층 위에 홍수가 일어나 다시금 퇴적 사암층
이 형성되었는데, 화석이 발견된 곳이 바로 이 사암층이기 때문이
다. 앞서 살펴보았듯이 염호는 산악지대와 꽤 가까운 곳에 형성된
다. 이곳의 지하수면은 지표면보다 매우 낮은 곳에 있기 때문에 지
하수가 위쪽으로 올라오는 과정에서 암석에 포함되어 있던 염분이
함께 배어 나온다. 그 결과 식물이 자라지 못하고 동물도 서식할
수 없는 가혹한 환경이 만들어진다. 이 황량한 지형에 홍수가 일어
났을 때 거칠게 소용돌이치는 탁한 물이 세이스모사우루스의 주검
을 싣고 왔을 것이다. 물에 둥둥 떠 있던 모래 알갱이가 가라앉으
면 주검은 그 아래 파묻히게 된다. 홍수는 일시적인 현상이므로 불
었던 물은 증발하거나 지면에 스며들고, 이로써 다시금 염호가 생
겨난다. 이런 식으로 사암 위에 모래가 쉬지 않고 퇴적된다. 이 가
설이 옳다면 세이스모사우루스는 모리슨 평야 남쪽 끝의 고지에만
서식했는지도 모른다. 그렇지 않다면 화석 개체 수가 그토록 적은
까닭은 단순히 화석화 과정에서 우연히 발생한 예외이기 때문인지
도 모른다.

바로사우루스의 목에는
조그마한 심장이 줄줄이 달렸을까?

바로사우루스Barosaurus도 디플로도쿠스과의 대형 공룡이다. 어떤 학자들은 이 공룡 역시 디플로도쿠스의 일종으로 간주한다.

디플로도쿠스를 옆에서 한번 바라보자. 이때 몸통을 엉덩이 쪽으로 밀면 목은 길어지고 꼬리는 짧아진다. 멀리서 본 바로사우루스의 모습이 바로 이와 같다.

극단적으로 기다란 목을 보면 바로사우루스의 생리 기능에 관하여 다음과 같이 추측할 수 있다. 만약 이 기다란 목이 높은 곳의 나뭇가지를 먹이로 삼았다는 뜻이라면 머리까지 혈액을 보낼 만큼 강력한 심장이 필요하다. 그런데 그 정도 힘을 가진 심장은 틀림없이 무게가 1.5톤 정도는 나갔을 것이다. 어쩌면 목에 조그마한 심장이 줄줄이 달려 있고 이 심장들이 이어달리기를 하듯 뛰면서 혈액 순환을 도왔을지도 모른다. 아니, 그보다는 지표면의 식물을 먹는 바로사우루스가 눈에 띌 가능성이 더 크다. 굵다란 목을 좌우로 흔들어 허공에 널따란 호를 그리면서 지면의 키 작은 식물을 먹어 치우고 띠처럼 기다란 빈자리를 남기는 것이다. 이렇게 하면 혈압을 높게 유지하는 신체 구조를 갖출 필요가 없다. 그러나 이런 식의 추측 또한 틀린 것인지도 모른다. 뭐니 뭐니 해도 당신 눈으로 직접 확인하는 수밖에 없다.

육식 공룡마저 위협하는 고고한 초식 공룡
아파토사우루스

디플로도쿠스과 용각류 가운데 디플로도쿠스 다음으로 유명할 뿐 아니라 모리슨 평야에 가장 많이 서식했던 공룡이 바로 아파토사우루스Apatosaurus이다. 예전에는 덩치에 걸맞게 그리스어로 뇌룡雷龍을 뜻하는 브론토사우루스라는 이름으로 불렸으나, 이 학명은 여기서 굳이 밝힐 필요조차 없을 만큼 사소한 학술상의 이유 때문에 아파토사우루스로 바뀌고 말았다. 이 공룡은 몸길이가 디플로도쿠스보다 조금 짧아서 약 20미터가 평균치이지만, 몸무게는 거의 세 배나 돼서 가장 큰 놈은 무려 35톤이나 나간다.

아파토사우루스는 넓은 범위에 걸쳐 서식했기 때문에 모리슨 평야 곳곳에서 화석이 발견된다. 따라서 지금 당신이 있는 곳 근처에서 그 모습을 보게 되리라고 기대해도 좋다. 발견된 화석을 보면 대개 한 마리 몫의 골격이므로, 아마 당신도 단독 행동에 나선 아파토사우루스를 보게 될 것이다. 이는 충분히 타당한 추측이다. 다른 공룡보다 커다란 체격이 곧 혼자 행동하는 공룡으로 살아남기 위한 적응 방식일 수도 있기 때문이다. 디플로도쿠스 같은 초식 공룡은 무리 지어 행동하는 편이 안전하지만, 아파토사우루스처럼 단독으로 행동하는 공룡은 혼자서도 육식 공룡을 위협할 만큼 거대한 몸집이 필요했을 것이다.

지축을 울리는 발소리, 에오브론토사우루스

천둥 같은 발소리에서 유래한 '브론토사우루스'라는 명칭은 이름 자체만으로도 공룡의 모습을 연상케 한다. 따라서 이처럼 편리한 이름이 쉬 사라질 리는 만무하다. 앞서 살펴본 아파토사우루스는 몇 가지 종의 존재가 이미 알려졌지만, 그중 다른 종들과 너무나 다른 나머지 지금은 당당히 독립된 속으로 분류되는 종이 하나 있다. 이 속에 학명을 부여할 때 브론토사우루스라는 명칭이 되살아났다. 초기의 형태라는 뜻을 담기 위해 새벽을 의미하는 그리스어 '에오'가 앞에 붙어 에오브론토사우루스Eobrontosaurus라는 이름이 탄생한 것이다.

에오브론토사우루스는 어깨뼈 모양과 아파토사우루스보다 무거운 목뼈를 실마리로 삼아 여러 종의 아파토사우루스와 구별된다. 그러나 화석은 모리슨층의 맨 아래, 즉 가장 초기의 암석에서만 발견되기 때문에 당신이 모리슨 평야를 찾을 무렵에는 이미 멸종했을지도 모른다.

기다란 몸을 가진 수페르사우루스

커다란 뼈 화석 몇 점만 발견된 수페르사우루스는 이 때문에 디플로도쿠스의 친척뻘에 해당하지만 크기가 훨씬 큰 종으로 여겨졌

◀ **디플로도쿠스속 용각류 2**

1 바로사우루스 디플로도쿠스와 닮았지만 목이 길고 꼬리가 짧다. 그림은 뒷발로 서서 식물을 먹는 모습이다. 디플로도쿠스속은 몸의 무게 중심이 허리 부근에 있기 때문에 이렇게 선 자세를 유지했을 가능성이 있다. 종은 바로사우루스 렌투스뿐이다.

2 수페르사우루스 바로사우루스와 비슷하지만 분류상 아파토사우루스에 더 가깝다. 종은 수페르사우루스 비비아나이뿐이다.

3 세이스모사우루스 디플로도쿠스속 용각류 가운데 가장 먼저 알려진 공룡으로서, 나중에 디플로도쿠스속의 대형종으로 인정되어 디플로도쿠스 할로룸으로 이름이 바뀌었다.
3-1 신체 비율을 보여 주는 전신 실루엣.

4 용각류의 발자국
4-1 폭이 좁은 발자국은 디플로도쿠스의 특징이다. 뒤꿈치가 가운데 선을 스치는 점을 눈여겨볼 것.
4-2 폭이 넓은 발자국은 큰코공룡류의 특징이다.

다. 그러나 더 온전한 골격 화석이 발견됨에 따라 디플로도쿠스보다 아파토사우루스에 가까운 종이라는 사실이 밝혀졌다. 이는 다소 의외의 사실이다. 아파토사우루스와 그 친척 종은 일반적으로 몸길이가 중간 정도, 따라서 체격도 그리 크지 않은 공룡들로 간주되었기 때문이다. 그런데 수페르사우루스는 몸길이가 무려 30미터나 된다!

디플로도쿠스의 작은 친척 수와세아

모리슨 평야의 북쪽 끝으로 눈을 돌려보자. 물가의 숲은 갈수록 빽빽해지고, 하천의 물살은 갈수록 잔잔해져 바다로 흘러드는 곳이다. 이곳의 질척질척한 삼각주에 가면 디플로도쿠스과의 조금

보기 드문 공룡을 만날 수 있을지도 모른다. 수와세아^{Suuwassea}라는 이름을 지닌 이 공룡은 체형이 매우 원시적이다. 몸길이는 14미터 내지 15미터밖에 안 돼서 디플로도쿠스과치고는 꽤 조그맣다. 머리뼈 구조를 보면 디플로도쿠스나 아파토사우루스, 또는 그 밖의 선조에서 갈라져 나온 친척으로 여겨진다.

모리슨 평야 북부의 삼각주는 밀림 지역이므로 수와세아 같은 고대 공룡이 살아남기에 적당한 서식 환경을 제공할 것이다. 또한 빽빽한 숲에서 서식하기에는 수와세아처럼 조그마한 체격이 유리했으리라 추정된다.

원시 공룡 하플로칸토사우루스

모리슨 평야가 처음 형성되기 시작할 무렵에 도착한 방문자라면 에오브론토사우루스처럼 색다른 공룡을 볼 수 있을 뿐 아니라, 잘하면 하플로칸토사우루스^{Haplocanthosaurus}와 마주칠 수도 있을 것이다. 하플로칸토사우루스가 용각류의 진화 계통에서 어떤 자리를 차지하는지는 확실히 밝혀지지 않았다. 다만 큰코공룡류와 디플로도쿠스과의 어떤 공룡보다도 원시적인 형태로 추정된다. 이 공룡의 화석은 지금까지 두 종이 발견되었다. 한 종은 몸길이가 약 14미터, 몸무게는 약 7톤 정도로 앞서 살펴본 수와세아처럼 꽤 소형이다. 다른 한 종은 몸길이가 21미터 정도이다.

하플로칸토사우루스는 큰코공룡류와 마찬가지로 어깨 위치가 높고 목과 꼬리는 짧다. 머리뼈가 발견되지 않았기 때문에 아쉽지만 머리 모양에 관해서는 아무것도 알려지지 않았다.

디스틸로사우루스와 암피코엘리아스

모리슨 평야의 용각류 명단은 길고도 길다. 지금껏 살펴본 것만으로도 충분하다 싶겠지만, 실은 끝나려면 아직 멀었다. 뼛조각 화석을 통해 간신히 존재가 밝혀진 용각류가 더 있기 때문이다. 게다가 화석 기록으로는 아직 만나지 못한 공룡도 잔뜩 있을 것이다.

디스틸로사우루스Dystylosaurus에 관해서는 대형 용각류의 등뼈로 추정되는 커다란 척추뼈 한 점만이 그 존재를 뒷받침한다. 이 척추뼈를 브라키오사우루스의 것으로 보는 연구자가 있는가 하면, 수페르사우루스와 매우 유사하다고 주장하는 연구자도 있다. 어느 쪽이든 확실한 근거는 없다. 다만 몸무게가 40톤이 넘는 공룡의 한 종이라는 데에는 모든 학자들이 의견을 함께한다.

커다란 척추뼈 화석은 이것 말고도 또 한 점이 발견되었는데 이 뼈와 볼기뼈 조각 몇 점, 그리고 다리뼈 한 점이 모리슨층 형성기 말기에 살았던 암피코엘리아스Amphicoelias의 것으로 추정된다. 이 화석들은 놀랄 만큼 커다래서, 이제껏 존재했던 육상 동물 가운데 가장 큰 동물의 뼈라는 데에는 이론의 여지가 없다. 하지만 화석의 원본이 1880년대에 분실되고 말았기 때문에 더 자세한 사항은 화석을 맨 처음 조사했던 학자들의 기록과 소묘에 의존하는 수밖에 없다.

만약 당신이 쥐라기 후기로 떠나는 모험을 10년, 아니 20년만 더 일찍 나섰더라면 아마 울트라사우루스^{Ultrasaurus}로 불리는 공룡과 만나리라고 기대할 수 있었을 것이다. 하지만 울트라사우루스 속의 근거가 되었던 척추뼈는 이미 수페르사우루스의 것으로 판명되었으며, 어깨뼈 또한 유난히 커다란 브라키오사우루스의 화석으로 정정되었다. 실제로 모리슨 평야의 용각류에 관해서는 아직 밝혀지지 않은 사실이 많다. 따라서 현대에 사는 우리들의 지식은 점점 늘어가는 중이라고 할 수 있다.

식용으로 부적합한 용각류의 살

지금까지 모리슨 평야에서 만나게 될 용각류들을 이모저모 살펴보았다. 실로 길고도 긴 명단이었다. 도대체 어떻게 그토록 많은 용각류가 서식할 수 있었을까?

일반적으로 한 지역에 서식하는 식물의 양이 제한된 경우 이곳에 사는 초식 공룡의 개체 수 또한 제한되었으리라고 추정된다. 그런데도 수많은 용각류가 존재했다면 아마도 육식 수각류의 경우와 마찬가지로 생태 지위 분할, 즉 생태 지위에 맞게 분화했기 때문일 것이다. 다시 말하면 여러 속의 공룡들이 저마다 특정한 방법으로 특정한 식량을 채집하면서 다른 속의 생활양식을 건드리지 않았다는 뜻이다. 이는 모리슨 평야와 대체로 비슷한 환경을 지닌 현대

아프리카의 열대 초원에도 해당하는 사실이다. 열대 초원에서 가장 키가 큰 나무의 잔가지는 기린과 코끼리가 먹고 중간 높이의 나무나 덤불은 얼룩영양 같은 대형 영양류, 또는 게레누크처럼 목이 길고 뒷발로 설 수 있는 영양류가 먹는다. 한편 얼룩말이나 스프링복 같은 소형 영양류는 지면에 붙어 자라는 식물을 먹고, 혹멧돼지는 지면을 파헤쳐 식물의 뿌리를 먹는다. 모리슨 평야에서도 이와 마찬가지로 목이 기다란 큰코공룡류는 높이 자란 나무를, 키가작은 디플로도쿠스과의 초식 공룡은 지면에 붙어 자라는 식물과얕은 연못 또는 호수의 수초를 먹는 광경을 목격하게 될 것이다.키 큰 나무의 아래 부분에 자란 가지와 잎은 깨끗이 뜯어 먹히고꼭대기에만 가지와 잎이 불룩하게 자란 모습, 또 평야에 자란 어린식물 위로 초식 공룡의 발자국이 남아 있는 모습 등은 이렇게 해서생겨났을 것이다.

용각류가 발을 들여놓지 못하는 곳도 있지 않을까? 이렇게 생각하는 사람도 틀림없이 있을 것이다. 화석으로 발견된 발자국이 거의 대부분 호수의 퇴적층에 형성된 석회암이나 드넓은 범람원의 이암에만 남아 있기 때문이다. 하천 바닥이나 물가에 만들어진 사암에는 화석이 아주 조금밖에 남아 있지 않다. 어쩌면 물가에 많이자라는 나무들이 빽빽한 밀림을 형성하는 바람에 거대한 공룡은지나다니기가 힘들었을지도 모른다.

발자국 이야기가 나왔으니 말인데, 무슨 까닭에서든 용각류 무리가 지나간 흔적을 따라가다 보면 그 흔적의 주인공이 큰코공룡류인지 아니면 디플로도쿠스과의 공룡인지는 쉽게 알 수 있을 것이다. 큰코공룡류가 지나가며 남긴 흔적은 대개 양쪽 발자국 사이의 폭이 넓다. 오른발과 왼발이 멀찍이 떨어져 있기 때문이다. 반면에 디플로도쿠스과에 속하는 공룡은 양발이 몸통 중앙부에 가까이 붙어 있으므로 발자국 사이가 훨씬 좁다. 또한 여러 마리가 지나간 자국은 디플로도쿠스처럼 무리 지어 다니는 공룡이 남기게 마련이므로, 한 마리가 지나간 자국은 필시 아파토사우루스처럼 단독 행동을 하는 공룡이 남겼을 것이다. 그렇다면 이 땅에 서식하는 용각류의 개체 수가 당신에게 지니는 의미는 무엇일까?

아쉽게도, 움직이는 고깃덩이가 잔뜩 있지만 정작 그것들을 식량 공급원으로 삼기는 힘들다는 뜻이다. 이 정도로 거대한 동물의 몸을 움직이는 데에 필요한 근육은 너무나 단단해서 사람이 먹기에 적당하지 않기 때문이다. 그럼에도 식량으로 삼을 가능성을 검토해 볼 가치는 충분하다. 현대 세계에서도 코끼리 고기를 조리하여 먹는 사회가 있기 때문이다.

공룡 알 스크램블드에그로 쥐라기 브런치 즐기기

어쨌거나 일단 디플로도쿠스를 잡는 데에 성공하면 다음은 고기를 해체할 차례이다. 되도록 힘줄이 없는 부위의 고기가 가장 좋다. 이 고기를 3, 4센티미터 두께로 가늘고 기다랗게 잘라서 따뜻한 바람이 부는 그늘에 걸어 두고 말린다. 고기가 대강 마르면 평평한 바위에 늘어놓고 방망이나 돌로 두들겨 섬유질을 부드럽게 한다. 그다음은 다시 한 번 완전히 마를 때까지 걸어 놓는다. 이때 생고기가 직사광선에 닿지 않게 주의해야 한다. 걸어 둔 고기 아래에 불을 피워 연기가 나게 하면 파리를 쫓을 수 있다. 이렇게 만든 용각류 육포는 오래 보관할 수 있으므로 한 마리만 잡으면 큰 집단이라고 해도 한동안은 배불리 먹을 수 있을 것이다.

중앙아프리카에 사는 원주민들 중에는 코끼리 발을 진미로 즐기는 부족이 있다. 용각류 공룡도 발바닥의 부드러운 부분은 코끼리와 상당히 비슷하므로 어쩌면 이 부위를 영양 공급원으로 삼을 수 있을지도 모른다. 오늘날 발견되는 용각류의 골격 화석을 보면 발이 없는 경우가 가끔 있다. 게다가 단 한 마리만 발견된 수와세아의 골격 화석은 다리뼈 끄트머리에 육식 공룡의 이빨 흔적이 남아 있다. 마치 수각류가 다른 곳은 다 놔두고 맨 먼저 발부터 냉큼 물어뜯은 듯하다. 그렇다면 분명히 맛있는 부위라는 뜻이다. 그러니 우선 진흙으로 된 땅을 골라 구멍을 파자. 지름 50센티미터에 깊이는 1미터 정도 판 다음, 이곳에 가마를 만든다. 이 가마에 장작을 넣고 가마 옆면이 새빨갛게 달아오를 때까지 몇 시간 동안 불을 땐다. 불길이 잦아들면 공룡 몸통에서 발을 잘라서 타고 남은 장작 위에 올려놓고 가마 입구를 생나무와 젖은 식물, 점토, 진흙 등으로 덮는다. 이렇게 세 시간이 지나면 공룡 발이 완전히 익어서 발바닥이 구두 밑창처럼 벗겨진다. 이 정도 양이면 쉰 명쯤은 한 끼 식사로 배불리 먹을 수 있을 것이다.

그런데 문제는 공룡의 알이다. 알은 고기와 완전히 다른 방식으로 접근해야 한다. 만약 공룡 알 화석이 믿을 만한 증거라면, 용각

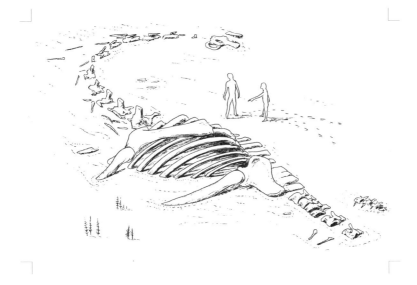

▲ 매우 커다란 용각류의 뼈는 귀중한 건축 자재이다.

류 가운데 적어도 일부는 걸어가면서 알을 낳은 다음 뒤도 돌아보지 않고 그대로 가 버리는 습성을 지녔으리라 추측된다. 자기가 낳은 알의 앞날을 운명에 맡긴 채로 말이다. 이 추측이 사실이라면 공룡 알은 소중히 지켜 주는 부모가 없는 만큼 쉽게 손에 넣을 수 있을 것이다. 조심해야 할 것은 바로 알을 노리는 다른 동물들, 예컨대 소형이나 중형 수각류들이다. 그러나 세계의 다른 지역에서 발견된 화석 증거를 보면 용각류는 적당한 장소를 골라 수십 마리가 함께 힘을 합쳐 거대한 둥우리를 만들고 살았다. 이 경우에는 알을 채집할 목적으로 먼 길을 나섰다가는 위험을 무릅써야 할 것이다.

공룡 알은 가죽처럼 부드러운 껍데기로 싸인 악어 알과 달리 새 알과 비슷하게 단단한 껍데기로 감싸여 있다. 이 또한 화석이 가르쳐 준 정보이다. 따라서 중형 용각류의 알은 깨기가 무척 힘들다. 내용물을 꺼내려면 알의 볼록한 양 끄트머리에 구멍을 뚫은 다음, 한쪽 구멍에 입을 대고 힘껏 불어서 그릇에 내용물을 쏟아내는 것이 가장 좋은 방법이다. 이렇게 얻은 내용물로 스크램블드에그를 만들 수 있다. 알을 삶는 것도 좋은 방법이다. 용각류의 알은 보통 크기라고 해도 상당히 커다랗기 때문에 다 익히려면 한 시간 정도는 삶아야 할 것이다.

가축으로 삼기 힘든 용각류는 건축 자재로

현대 세계에서 대형 동물은 대개 짐을 나르는 용도로만 이용된다. 한편 지질학 증거가 명확히 보여 주듯이, 범람원의 토양에서는 공룡의 육중한 발자국 때문에 생물 교란 작용이 일어난다. 이러한 토양 상태를 보면 공룡에게 쟁기를 달아 비슷한 일을 시킬 수도 있으리라는 생각이 자연스레 떠오른다. 그렇다면 코끼리를 부리는 인도 사람들처럼 나무줄기나 통나무로 멍에를 만들어 공룡에게 매단 다음, 당신이 거주할 정착지를 건설할 때 중장비 대신 활용하는 것은 어떨까? 아니면 공룡을 멋지게 장식하여 의식이나 축제 기간에 시가행진용 수레로 활용한다면? 언뜻 들으면 꽤 매력적인 제안 같지만 실현 가능성은 거의 없다. 동물을 훈련시키려면 우선 그 동물에게 사람의 명령에 따라 움직일 만큼의 지능이 있어야 하기 때문이다. 용각류에게 이런 일은 완전히 무리일 것이다. 거대한 몸집

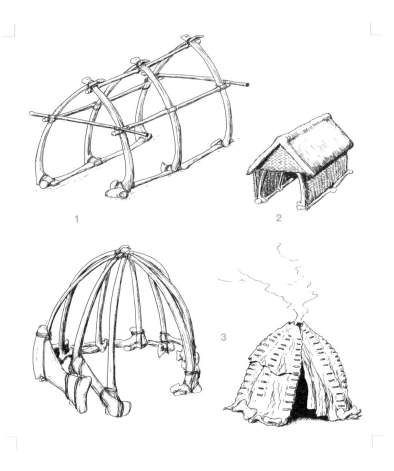

에 비해 조그마한 뇌를 보면 알 수 있다. 물론 두뇌 크기만으로 동물의 지능을 추정하기는 힘들겠지만, 몸집의 크기와 뇌의 크기를 비교해 보면 대강이나마 지능을 짐작할 수 있다. 이 계산법에 따르면 우리 인간의 두뇌 무게는 몸무게의 약 40분의 1이다. 그런데 용각류의 두뇌 무게는 고작 몸무게의 약 10만 분의 1에 지나지 않는다. 뇌를 구성하는 물질의 양이 이렇게 적은 동물이라면 가축으로 기르기에는 무리일 것이다.

◀ **용각류의 갈비뼈를 이용한 집 짓기**

1 크럭 공법으로 지은 오두막
① 기다란 뼈를 토대로 받치고 갈비뼈를 지면에 단단히 고정한
다. ② 몸통의 중심에서 멀리 있는 끄트머리 부분(반대쪽보다 더
가늘고 가볍다)을 곧은 통나무와 연결한다. ③ 곧은 통나무를 수
평으로 연결하여 옆면을 보강한다.

2 오두막 완성도 나뭇가지를 엮어 판을 만든 다음 수평 통나무
에 고정하여 벽을 세우고 지붕은 속새로 덮었다.

3 혹 모양으로 지은 오두막
① 무거운 뼈를 덧대어 갈비뼈를 지면에 단단히 고정한다. ②
갈비뼈 끄트머리를 꼭대기에서 하나로 모아 묶는다. ③ 미리 손
질해 둔 동물의 가죽을 꿰매어 길게 이어서 덮는다. 꼭대기에는
구멍을 남겨 두어 연기 통풍구로 삼는다.

하지만 용각류의 몸통은 건축 자재로 큰 도움이 될지도 모른다.
3장에서 살펴보았다시피 크럭 공법을 사용하면 간단히 집을 지을
수 있다. 먼저 크럭, 즉 활 모양으로 휜 목재 한 쌍을 지면에 세우
고 위쪽 끄트머리를 맞붙여 골조를 만든다. 그런 다음 옆면을 막
아 벽으로 삼고 위에 지붕을 덮는다. 이때 활처럼 휜 나무를 찾으
러 다니는 것보다는 브라키오사우루스처럼 몸통이 튼실한 대형 용
각류의 갈비뼈를 이용하는 것이 가장 좋다. 이 갈비뼈를 땅에 단단
히 고정하여 세운 다음, 강가에 자란 속새를 따다가 잘 휘는 줄기
를 엮어 판처럼 만든다. 이 판에 점토를 바르고 잘 말려서 뼈 기둥
에 붙이면 훌륭한 벽이 된다. 지붕 역시 속새를 엮어 덮으면 된다.

용각류 중에서도 큰코공룡류는 어깨뼈가 특히 넓적하다. 따라
서 이 넓적한 어깨뼈를 벽판 대신 사용해도 좋을 것이다. 이렇게 할
경우에는 인류가 발생하여 진화한 시기, 즉 플라이스토세에 살던
매머드 사냥꾼들의 지혜를 빌리도록 하자. 그들은 동시대에 서식
하던 코끼리의 선조를 사냥하여 어깨뼈를 건축 자재로 이용했다.

이들은 매머드의 둥그렇게 흰 엄니도 앞서 말한 공룡 갈비뼈처럼 집을 짓는 데에 이용했다. 또 매머드 가죽은 무거운 두개골로 팽팽하게 펴서 지붕을 덮는 데에 사용했다.

정착지의 위치를 결정할 때에는 용각류의 이동 경로를 반드시 고려해야 한다. 용각류는 분명히 이동 생활을 하는 동물이므로 계절이 바뀔 때마다 같은 경로를 따라 이동할 것이다. 이 경로 위에 정착지를 세웠다가는 이동하는 용각류 무리가 이따금씩 무심코 쳐들어와서 건물이나 구조물을 마치 지나가는 길에 가끔 마주치는 덤불이나 키 작은 나무인 양 닥치는 대로 짓밟고 지나갈 것이다. 현대 세계에 사는 펭귄은 이동 경로에 오두막이 세워져 있을 경우에 빙 돌아서 비켜가는 대신 오두막 아래로 기어서 지나간다고 알려졌다. 용각류보다 지능이 훨씬 높은 조류조차도 이렇게 행동하는 것이다. 이처럼 쥐라기 후기의 모리슨 평야에서 살아가는 사람에게는 용각류가 분명히 생활의 큰 부분을 차지할 것이다.

용각류 공룡을 사냥할 수 있을까?

식량이나 건축 자재 등을 구하기 위해 용각류 공룡을 사냥해야 할 처지에 놓인다고 하더라도, 사냥 방법은 당신 스스로 생각해 내는 수밖에 없다. 현대 세계에서는 (예를 들면 코끼리 같은) 거대한 짐승을 사냥할 일이 거의 없다. 원래 코끼리 사냥의 주된 목적은 상아를 얻는 것이었다. 물론 상아가 돈이 되기 때문이었지만, 이런 짓은 모리슨 평야에서는 아무 의미도 없다. 게다가 예전의 코끼리 사냥꾼들은 강력한 총을 사용했지만 시간을 거슬러 올라간 모험가는 한 가지 전제를 지켜야 한다. 바로 맨손으로 모리슨 평야에 도착한 다음 그곳에 이미 존재하는 소재만을 사용하여 살아가야 한다는 조건이다.

빙하기의 사냥꾼들은 당시의 대형 동물들, 즉 북아메리카에 살던 마스토돈이나 유럽 및 아시아에 살던 매머드와 털코뿔소, 남아메리카에 살던 메가테리움(큰땅늘보), 오스트레일리아의 대형 유대목 동물 등을 사냥하며 살아갔다. 이들의 사냥법에서 당신은 여러 가지를 배울 수 있을 것이다. 여기에 관해서는 이미 고고학자들의 연구를 통해 어느 정도 지식이 축적되어 있지만, 사실 우리가 '지식'으로 여기는 것의 상당 부분은 추측에 지나지 않는다. 물론 빙하기에 살던 사람들이 대형 동물을 해체한 증거는 충분히 남아 있다. 그러나 실제로 사냥을 해서 죽였다는 증거는 거의 없다. 즉, 다른 이유 때문에 이미 숨이 끊어진 동물의 주검에서 고기를 얻었을 뿐인지도 모른다는 말이다.

에스파냐에는 아프리카를 벗어나 전 세계로 퍼진 최초의 인류 호모 에렉투스가 코끼리 사냥을 한 증거가 남아 있다. 그들은 코끼리를 늪지대로 몰아넣은 다음 늪에 발이 묶여 꼼짝 못하는 코끼리의 숨을 끊었을 것이다. 이렇게 짐승을 몰아붙일 때에는 불을 사용하는 것이 가장 좋다. 이는 모리슨 평야에서 아파토사우루스를 사냥하려 할 때에도 충분히 검토해 볼 만한 방법이다. 이 지역은 공기가 건조하기 때문에 식물에 수분이 적어 불도 잘 붙을 것이다.

단, 지형을 잘 관찰하여 사냥감을 몰아붙이기에 적당한 장소를 골라야 하고, 바람의 세기와 방향도 신중하게 계산해야 하며, 동료들의 공격 위치도 적절하게 배치해야 한다. 사냥을 할 때에는 모두가 한마음이 되어 행동해야 하기 때문이다. 사냥꾼 집단의 우두머리는 넓은 범위에 퍼져 있는 여러 사람을 일사불란하게 통제하지 않으면 안 된다. 이러한 사냥법을 채택했을 때 가장 큰 문제는 바로 대기 자체이다. 쥐라기 후기의 대기는 산소 농도가 높다. 현대의 대기 중 산소 농도가 21퍼센트인 데 비해 당시의 산소 농도는 약 23퍼센트로 추정된다. 게다가 석탄 가스 농도는 현대의 열 배나 되는데 이는 모리슨 평야의 기온이 그토록 높았던 이유 가운데 하나이기도 하다. 산소 농도가 높다는 말은 곧 식물 등에 불을 붙일 경우 현대인이 느끼기에는 너무나 쉽게, 또 너무나 격렬하게 탄다는 뜻이다. 따라서 불을 엄중하게 관리하는 일 또한 중요하다.

북아메리카에서는 수많은 사람들이 힘을 합쳐 들소를 사냥한 증거가 남아 있다. 선사 시대의 사냥꾼들은 좁은 골짜기나 험한 산길로 들소를 몰아넣고 낭떠러지 위에서 미리 기다리던 동료가 바위를 떨어뜨려 죽이는 식으로 사냥을 했으리라 추측된다. 이 방법은 모리슨 평야의 용각류 공룡을 사냥하기에는 문제가 좀 있다. 우선 용각류는 머리가 작기 때문에 조그마한 바위로 단번에 머리를 맞혀 숨통을 끊어야 하는데, 그게 말처럼 쉬운 일이 아니다. 게다가 지형도 마땅치 않다. 당신은 아마도 하천 유역의 평야를 정착지로 선택할 텐데 이 부근에는 높다란 낭떠러지로 막힌 골짜기나 험한 산길이 있을 리가 없기 때문이다.

학자들은 한때 화석 증거를 잘못 해석하는 바람에 프랑스에 살던 빙하기 인류가 대형 동물을 높은 곳으로 몰아붙여 낭떠러지에서 떨어뜨리는 식으로 사냥을 했으리라고 추측하기도 했다. 그러나 현재에는 이러한 가설의 타당성을 누구도 인정하지 않는다. 어쨌거나 모리슨 평야에서 사용하기에는 무리이다. 들소 사냥법과 마찬가지로 하천 유역의 평야에는 적절한 지형이 존재하지 않기 때문이다. 어쩌면 용각류 사냥은 단념하는 편이 현명할지도 모른다.

7장

당신의 생사를 결정하는
수각류와 조각류 구별법

두 다리로 걷는 온순한 초식 공룡, 조각류

시대마다 우세한 초식 동물 집단이 존재한다. 현대에는 사슴과 영양, 소, 양 등 발굽 개수가 짝수인 유제류가 이에 해당한다. 지금으로부터 수백만 년 전에는 말이나 코뿔소처럼 발굽 개수가 홀수인 유제류가 그 자리를 차지했다. 그렇다고 해서 주위에 다른 초식 동물 집단이 없다는 말은 아니다. 다만 다른 집단이 별로 중요하지 않다는 뜻일 뿐이다. 짝수 발굽 유제류가 우세한 현대에도 홀수 발굽을 지닌 말과 코뿔소가 여전히 존재하는 것처럼 말이다. 게다가 홀수 발굽 유제류는 짝수 발굽 유제류가 전성기를 누리는 동안 이미 진화를 끝마친 상태이므로, 언제든 우세한 자리를 차지할 준비가 되어 있다.

쥐라기 후기에도 사정은 마찬가지이다. 이제껏 살펴본 바와 같이 쥐라기 후기에 우세한 지위를 누리는 초식 동물은 수도 종류도 많은 용각류 공룡이다. 뒤이어 백악기가 시작되면 목이 긴 이 초식 공룡들은 우세한 지위로부터 멀어지고, 다른 초식 공룡 무리가 두각을 나타낸다. 이들이 바로 조각류鳥脚類, Ornipod이다. 그러나 당장 눈앞에 닥친 쥐라기 후기의 상황을 보면 조각류는 존재하기는 해도 아주 우세한 지위를 차지하지는 못하는 듯싶다. 그럼에도 불구하고 당신에게 이들 조각류는 결코 가볍게 지나칠 수 없는 중요한 존재들이다.

조각류란 기본적으로 두 다리로 걷는 초식 공룡을 가리킨다. 크기는 토끼만 한 소형부터 소만 한 대형까지 다양하지만 대개는 사슴만 한 크기의 온순한 공룡이다. 이들은 서식 범위를 점점 넓혀 나갔고, 일부 거대한 종은 북반구 전역에 퍼져 나가 원래 대형 용각류가 위세를 떨치던 서식지까지 빼앗기에 이르렀다. 용각류는 이후에도 공룡 시대가 종말을 맞을 때까지 존속했으나 모리슨층 형성기만큼 우월한 지위를 누리지는 못했다. 사실 용각류가 오래도록 세력을 유지한 곳은 대형 조각류가 서식하지 않은 남아메리카 대륙뿐이었다.

그럼 이제 당신이 멀리서 두 발로 걷는 중형 공룡을 보았다고 가정해 보자. 커다란 뒷다리와 짧은 앞발, 앞으로 툭 튀어나온 머리와 여기에 균형을 맞추려는 듯 굵다란 꼬리를 지닌 공룡을 보았을 때, 이 공룡이 조각류인지 아니면 비슷한 크기의 육식 수각류인지 당신은 과연 구별할 수 있을까? 매우 중요한 문제이므로 빨리 판단하지 않으면 안 된다. 그 공룡이 만약 사람만 한 조각류라면 위험하지 않을뿐더러 식량 공급원으로 이용할 수 있을지도 모르지만, 반대로 사람만 한 수각류라면 목숨을 빼앗길 수도 있으므로 절대 가까이 가서는 안 된다.

　수각류와 조각류의 가장 큰 차이점은 무엇보다 몸통 크기이다. 앞장에서 살펴본 바와 같이 초식 공룡은 먹이에서 영양분을 뽑아내기 위해 복잡한 소화 기관이 필요하다. 따라서 크기가 비슷한 육식 공룡과 비교하면 몸통이 훨씬 클 수밖에 없다. 조각류는 조반류, 즉 새와 비슷한 골반을 지닌 공룡의 일종이므로 볼기뼈가 도마뱀보다 새와 비슷한 구조로 배치되어 있다. 구조가 이렇다 보니 용반류 공룡의 경우 앞쪽에 붙은 두덩뼈가 조반류 공룡에게는 뒤쪽에 붙어 있으며, 이 때문에 골반 바로 아래에 틈이 생긴다. 이곳에 초식 생활을 하는 데 필요한 커다란 소화 기관이 모여 몸의 무게 중심을 형성한다. 그 결과 조각류 공룡은 식물을 소화하는 데 필요한 커다란 장을 지니고도 뒷다리로 서서 균형을 잡을 수 있다. 따라서 조각류는 같은 크기의 수각류보다 몸통이 실팍하고 배도 불룩하다.

　다음으로 머리를 살펴보자. 수각류의 머리는 사냥감의 숨통을 끊고 고기를 찢어발기는 데 필요한 기다란 턱과 날카로운 이빨을 갖추고 있다. 초식 공룡인 조각류는 이러한 머리를 가질 필요가 없다. 따라서 조각류의 머리는 수각류보다 훨씬 조그맣고 주둥이도 새의 부리와 꼭 닮았다. 이빨은 식물을 뜯고 잘게 씹는 데 적합하게 진화했으나 아쉽게도 바깥에서는 잘 보이지 않는다. 치열은 육식 공룡과 마찬가지로 톱날처럼 생겼지만 스테이크를 써는 칼처럼 촘촘하지 않고 강판처럼 성기게 배열되어 있다. 주둥이 양쪽에는 사람과 비슷한 뺨이 있는데 이 뺨이 주머니 구실을 하기 때문에 여

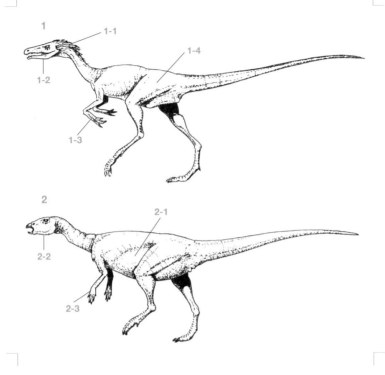

기에 먹이를 넣어 두고 잘게 씹거나 으깬다.

육식 수각류의 앞발에는 대개 생고기를 찢는 데 알맞게 진화한 발가락이 세 개씩 달려 있으며 여기에 각각 발톱이 붙어 있다. 그러나 초식 조각류의 앞발은 조그맣고 발가락도 다섯 개씩 나란히 달린 경우가 많다.

마지막으로 가죽과 색깔을 살펴보자. 앞서 살펴본 바와 같이 소형 육식 공룡은 아마도 몸이 털로 덮여 있으리라 추정된다. 비슷한 생활 방식을 지닌 현대의 동물을 토대로 미루어보면, 소형 수각

◀ **소형 수각류와 조각류의 중요한 차이점**

둘 다 뒷다리로 걷는다.

둘 다 뒷다리보다 앞다리가 짧다.

두꺼운 꼬리로 몸의 균형을 잡는 점도 똑같다.

※ 수각류: 위험할 수도 있다.

　조각류: 위험하지 않다.

1 수각류

1-1 몸 전체 또는 일부가 털이나 깃털로 덮였을 가능성이 있다.

1-2 턱이 길고 이빨이 날카롭다.

1-3 앞발에는 발가락이 3개, 종류에 따라 2개가 달렸고 발톱이 붙어 있다.

1-4 몸통이 가늘다. 무게 중심은 허리 앞쪽에 있다.

2 조각류

2-1 몸통이 불룩하다. 무게 중심은 허리 아래쪽에 있다.

2-2 머리 앞뒤가 짧다. 입 앞에 부리가 있다. 입 양쪽에는 볼주머니가 있다.

2-3 앞발에는 발가락이 5개, 종류에 따라 4개가 달렸다.

류의 몸 색깔은 십중팔구 상당히 화려할 것이다. 표범의 현란한 무늬나 치타의 반점이 좋은 참조가 될 것이다. 반면에 조각류의 피부는 도마뱀과 마찬가지로 털이 없으리라 추정된다. 딱 잘라 말하기는 힘들지만, 이 공룡이 털을 비롯한 기타 수단으로 몸을 보호했다는 증거는 발견되지 않았다. 피부색은 눈에 잘 안 띄는 보호색이었을 공산이 크다. 아마도 녹색이나 갈색이 아니었을까? 육식 공룡은 시력이 좋기 때문에 색깔도 잘 식별했을 것이며, 따라서 사냥감 처지에서는 위장용 몸 색깔을 택하는 편이 진화라는 관점에서 우수한 선택이었을 것이다.

위에서 설명한 기준을 따르면 사나운 육식 공룡과 얌전한 초식 공룡을 구분할 수 있다. 그러나 이러한 기준이 지나치게 단순하다는 점은 굳이 말할 필요도 없을 것이다. 그러니 우선 모리슨 평야로 가서 그곳에 서식하는 이런저런 조각류 공룡들을 당신 눈으로 직접 살펴보도록 하자.

한밤의 폭주족 오스니엘로사우루스

첫 번째는 오스니엘로사우루스^{Othnielosaurus}이다. 오스니엘리아, 나노사우루스, 라오사우루스 등의 이름으로 불린 적도 있지만 지금은 오스니엘로사우루스가 정식 학명이다.

이 공룡의 화석은 모리슨층이 지면에 노출된 곳이라면 어디서든 발견되기 때문에 틀림없이 매우 널리 분포했을 것이다. 개체 수 역시 유난히 많은 공룡이었을 것이다. 따라서 모리슨 평야에서는 어디서든 볼 수 있으리라 추정된다.

오스니엘로사우루스는 코끝에서 꼬리 끝까지 길이가 약 2미터이다. 대다수 수각류와 비슷하게 몸길이의 상당 부분을 목과 꼬리 길이가 차지하므로 몸통은 꽤 작은 편이다. 몸통 크기가 소형 염소와 비슷해서 몸무게도 10킬로그램에 못 미친다. 머리는 몸통에 비해 조그맣다. 이빨도 작은 편인데 입 안에는 나뭇잎 모양의 어금니가 듬성듬성 나 있고 앞에는 부리가 붙어 있다. 눈은 꽤 큰 편이다. 다리는 기다란 편이고 대부분 발뼈와 정강이뼈로 이루어져 있다. 넓적다리뼈가 짧은 점 역시 수각류와 마찬가지로 발이 빠른 공룡이었을 가능성을 시사한다.

키 작은 식물이 자라는 장소라면 어느 곳에서나 오스니엘로사우루스와 마주칠 수 있을 테지만, 빨리 달리는 동물이 대개 그렇듯이 이 공룡 또한 틀림없이 강가의 숲처럼 양치류가 빽빽하게 자란 곳보다는 탁 트인 곳을 더 선호할 것이다. 먹이로는 아마도 지면에 붙어 자라는 식물을 뜯어먹었으리라 추정된다. 어쩌면 상당히 튼튼한 양 앞다리로 몸을 지탱하고 네발짐승 같은 자세로 엎드려 식사를 했을지도 모른다. 넓적한 앞발을 보면 식물의 뿌리를 파내어 부리로 갉아먹었을 가능성도 있다. 어쨌거나 오스니엘로사우루스가 이렇게 먹이를 먹는 모습을 목격하는 때는 아마도 육식 공룡의 습격으로부터 몸을 감출 수 있는 밤일 것이다. 커다란 눈은 이 공룡이 밤이나 해 질 무렵에 돌아다녔다는 증거이다.

오스니엘로사우루스는 육식 공룡에게 습격을 당하면 그 자리에 버티고 서서 방어하는 대신 달아난다. 앞다리가 튼튼해 보이는 만큼 네 다리를 다 사용하여 전속력으로 달아났을지도 모르지만, 속도를 높이기 위해 앞다리를 가슴 쪽으로 접고 뒷다리만으로 달아났을 가능성이 더 높다.

볼주머니에 먹이를 저장하는 드리오사우루스

드리오사우루스Dryosaurus는 오스니엘로사우루스와 매우 닮았지만 덩치가 훨씬 커다랗다. 몸길이는 2.5미터에서 4.5미터, 허리 부분에서 잰 키는 약 1.5미터, 몸무게는 80킬로그램에서 90킬로그램 정도이다. 모리슨층과 탄자니아에서 화석이 발견되었으므로 역시 세계 각지에 분포했던 공룡으로 추정된다. 어떤 곳에서는 갓 태어난

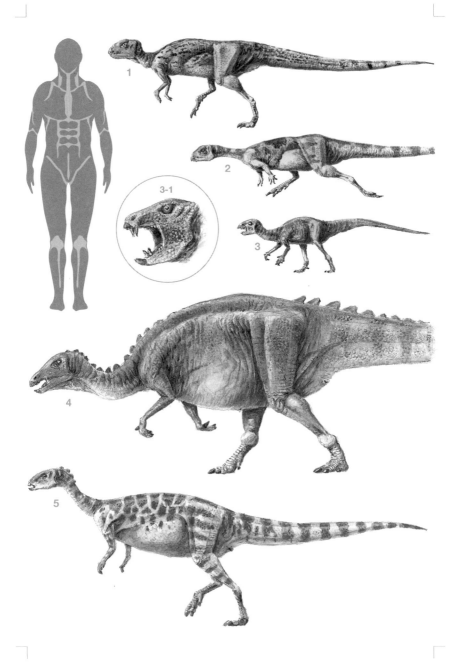

◀ **조각류**

1 드링커 전형적인 소형 조각류. 머리가 작고 부리와 볼주머니가 있다. 이가 톱날처럼 듬성듬성해서 식물을 뜯어먹기에 알맞다. 종은 드링커 니스티뿐이다.

2 오스니엘로사우루스 드링커보다 작고 발이 빠르다. 눈이 커다랗다. 종은 오스니엘로사우루스 콘소르스가 유일하다.

3 에키노돈 턱뼈 화석 한 점만 남아 있다. 이 그림에서는 쥐라기 초기에 많이 살았던 헤테로돈토사우루스의 일종을 이용하여 복원했다.
3-1 에키노돈의 머리 확대도. 특징인 날카로운 송곳니가 보인다.

4 캄프토사우루스 모리슨 평야에 서식하는 조각류 가운데 가장 크고 수도 가장 많다. 두 다리 또는 네 다리로 걷는다. 캄프토사우루스 디스파르, 캄프토사우루스 아파노에케테스, 캄프토사우루스 호기, 캄프토사우루스 프레스트위키 등 4개종이 있다.

5 드리오사우루스 오스니엘로사우루스와 닮았지만 훨씬 더 크다. 모리슨 평야에는 드리오사우루스 알투스 한 종만 서식했다. 다른 종인 드리오사우루스 레토우보르베키의 화석은 탄자니아에서 발견되었다.

※ 라오사우루스와 나노사우루스. 둘 다 오스니엘로사우루스와 매우 비슷하다. (그림 없음)

새끼와 어린 공룡, 어른 공룡까지 모두 합쳐 수십 마리나 되는 화석이 출토되기도 했다. 모리슨 평야를 찾은 모험가라면 드리오사우루스가 무리 지어 사는 공룡이라는 증거를 발견할 수 있을지도 모른다. 아니면 앞으로 살펴볼 대형 조각류와 마찬가지로 해마다 한 차례씩 특정한 서식지에 모여 둥우리를 지을 수도 있다. 어쩌면 막 알에서 부화한 새끼를 위해 볼주머니에 먹이를 저장한 채 둥우리로 돌아오는 모습도 볼 수 있을 것이다. 물론 어디까지나 추측일 뿐이지만 말이다.

굴 파기의 달인 드링커

드링커^{Drinker}도 오스니엘로사우루스의 일종일 가능성이 높지만, 이빨 모양만큼은 아예 별도의 속으로 분류해도 좋을 만큼 다르다.

드링커의 화석 증거는 늪과 연못이 흔한 습지대, 즉 소택지의 암석층에서 몇 점이 발견되었다. 이는 그리 놀라운 일이 아니다. 이제껏 발견된 공룡 화석은 대부분 소택지로 떠내려 온 주검이 하천에 실려 온 퇴적물에 뒤덮여 만들어진 것들이기 때문이다. 다만 드링커의 경우에는 실제로 소택지에 서식했다는 학설이 있다. 다른 조각류보다 바깥쪽으로 더 벌어진 발톱이 바로 진흙에 빠지지 않도록 진화한 증거라는 것이다.

드링커는 비교적 기다란 앞다리가 굴을 파기에 적합하기 때문에 굴을 파고 거주하는 공룡이라는 설도 있다. 실제로 백악기 후기의 암석에서 굴을 파는 조각류의 일종인 오릭토드로메우스^{Orycto-dromeus}가 발견되었기 때문에 이러한 학설도 영 터무니없는 주장은 아니다. 이런저런 학설이 난무하는 점을 보면 알 수 있듯이, 굳은 선입견을 갖는 것은 좋지 않다. 모리슨 평야의 공룡들은 온갖 생활 방식과 습성을 지니고 있으리라고 각오해 두는 편이 좋다.

가장 작은 조각류 에키노돈

비록 턱뼈 화석만을 통해 알려졌을 뿐이지만 에키노돈Echinodon은 소형 조각류로서, 조각류 공룡 중에서도 가장 조그맣다. 또한 가장 원시적인 형태이기도 해서, 다른 조각류와 마찬가지로 식물을 잘게 씹는 어금니가 입 속 깊숙이 나 있을 뿐 아니라 부리 바로 안쪽의 턱 앞부분에는 송곳니처럼 생긴 이빨도 나 있다. 이러한 특징은 헤테로돈토사우루스과Heterodontosaurus科로 불린 초기 조각류와 비슷하다.

헤테로돈토사우루스의 원뿔 모양 앞니는 식물의 뿌리를 파내는 용도로 쓰였을 수도 있지만 단순히 장식용이었을 수도 있다. 쥐라기가 시작될 무렵에는 몇 가지 속이 존재했으므로 어쩌면 에키노돈이 그 계통의 마지막 속에 해당하는지도 모른다. 어쨌거나 에키노돈은 모리슨층에서도 화석이 단 한 점밖에 출토되지 않을 만큼 드문 공룡이므로 살아 있는 모습은 못 볼 수도 있다.

팔맷돌을 던져 조각류를 잡아 보자

이러한 소형 조각류는 식량 공급원으로 안성맞춤인 만큼 당신도 이 공룡들의 습성에 흥미가 생길 것이다. 원래 인간은 육식 동물보다 초식 동물을 식량으로 삼았다. 동물은 섭취한 먹이를 소화한

▲ 팔맷돌(볼라스)에 걸려 넘어지는 소형 조각류.

다음 거기서 얻은 영양분을 자기 몸에 축적하는 경향이 있다. 따라서 육식 동물의 고기는 매우 단단하기 때문에 보통은 사람이 먹기에 적합하지 않다. 당신도 분명히 조각류 공룡의 고기를 주식으로 삼게 될 것이다.

오스니엘로사우루스 같은 소형 조각류는 잡기 힘들지도 모른다. 어쨌거나 경계심이 강하고 발도 빠른 동물을 잡기란 영 성가신 일이기 때문이다. 이때 최선의 방법은 팔맷돌을 사용하는 것이다. 현대에도 남아메리카 사람들은 볼라스라는 이름이 붙은 전통 사냥 도구를 사용하는데 이 도구가 바로 팔맷돌이다. 먼저 줄을 몇 가닥 모아 다발 모양으로 만든 다음, 한쪽 끄트머리를 서로 묶고 반대편 끄트머리에는 각각 돌을 묶는다. 용도에 따라 줄을 묶는 법과 돌의 무게가 달라지겠지만, 일단은 아르헨티나 사람들이 초원에 서식하는 날지 못하는 새 레아를 잡을 때 사용하는 팔맷돌과 똑같이 만들어 보면 좋을 것이다. 레아도 조각류와 마찬가지로 두 발로 달리는 동물이자 크기 또한 비슷하기 때문이다. 아르헨티

나에서는 팔맷돌을 볼레아도라, 트레스 마리아스, 트레스 포트레아도라스 등의 이름으로 부른다. 에스파냐어로 '셋'을 뜻하는 트레스라는 이름에서 알 수 있듯이 이 팔맷돌은 크기가 다른 돌 세 개와 길이가 다른 줄 세 개를 사용하여 만든다. 이때 돌의 크기가 줄의 길이와 비례하도록, 즉 가장 작은 돌을 가장 짧은 줄의 끄트머리에 묶는다. 오스니엘로사우루스를 발견하면 일단 겁을 주어 달아나게 한 다음, 팔맷돌의 가장 작은 돌을 손에 쥐고 머리 위에서 빙빙 돌리다가 달아나는 공룡을 겨냥하고 힘껏 던진다. 이때 줄의 길이가 제각각이기 때문에 돌이 넓게 벌어지고, 따라서 바깥쪽으로 팽팽하게 당겨진 줄이 마치 프로펠러처럼 회전한다. 잘 겨냥해서 던지면 달아나던 오스니엘로사우루스는 다리에 줄이 감겨 넘어지고 만다.

둘이 먹다 하나가 죽어도 모를 조각류 통구이

오스니엘로사우루스 정도 크기의 공룡을 잡을 때에는 덫을 놓는 방법도 나쁘지 않다. 이 덫은 먼저 줄로 올가미를 만든 다음 여기에 포위용 그물을 연결하여 만든다. 사냥감이 올가미에 머리를 집어넣으면 그물이 작동하여 사냥감이 못 움직이게 붙드는 것이다. 이 틈에 목을 붙잡으면 쉽게 잡을 수 있다. 이런 식의 덫으로 소형 조각류를 잡을 때에는 우선 사냥감의 습성부터 자세히 연구해야 한다. 양치류가 우거진 곳을 잘 보면 나무와 나무 사이에 조각류가 잘 다니는 길이 있을 텐데, 아마 발자국 덕분에 찾기가 그리 어렵지는 않을 것이다. 일단 이 길을 찾으면 다음은 점찍어 둔 사냥감을 관찰할 차례이다. 두 다리로 걷는 공룡이 모두 그렇듯이 오스니엘로사우루스 또한 머리를 앞으로 쑥 내밀고 걷는다. 그러므로 지면에서 머리까지의 높이를 눈짐작으로 재서 올가미가 머리 위치에 오도록 덫을 설치한다. 사냥감이 늘 다니던 길을 지나다가 이 올가미에 머리를 집어넣으면 올가미가 목을 지나 어깨에 걸리게 되고, 이것을 신호로 그물이 떨어진다. 이렇게 되면 올가미에 목이 졸린 사냥감은 순식간에 숨이 끊어진다. 숨이 붙어 있다고 해도 움직일 수 없는 상태이므로 이 틈을 타 붙잡으면 된다.

크기가 오스니엘로사우루스 정도 되는 조각류는 통구이를 해 먹기에 안성맞춤이다. 우선 머리와 목, 앞발과 뒷발, 그리고 꼬리의 대부분을 자른다. 꼬리는 거의 뼈와 힘줄이므로 먹을 만한 살은 뿌리부터 4분의 1 정도까지만 붙어 있다. 다음으로 몸통을 벌리고 내장을 깨끗이 꺼낸다. 구이용 꼬치로 쓸 곧은 막대를 꼬리 부분에 꽂아 넣어 몸통을 지나 목까지 통과시킨다. 이제 몸통을 꼬치에 묶을 차례이다. 고기는 익는 동안 오그라들기 때문에 끈으로 꽉 묶어 고정하지 않으면 다 익은 고기가 꼬치에서 벗겨져 버릴 수도 있다. 고기를 다 묶으면 와이Y 자 모양의 막대를 두 개 준비하여 숯불을 사이에 두고 땅에 똑바로 세운 다음, 고기를 끼운 꼬치를 그 위에 걸치고 굽기 시작한다. 고기가 골고루 익게 하려면 쉬지 않고 꼬치를 돌리면서 구워야 한다. 오스니엘로사우루스는 지방이 많을 수도 있는데 그럴 경우 열기에 녹아 흘러나온 지방은 제거해도 되고, 아예 겉을 바삭하게 굽는 데 이용해도 좋다. 껍질에 미리 칼집을 여러 군데 내 두면 굽는 동안 지방이 껍질 위로 배어 나온다. 고기가 다 구워질 즈음에는 새빨갛게 달아오른 숯불에 장작을 얹어 센 불을 지핀다. 이렇게 하면 껍질이 파삭하게 익어서 더욱 맛있다. 굽는 동안에는 가끔 껍질에 소금을 뿌려 주어야 한다. 빠져나간 수분을 이 소금이 흡수하여 껍질이 물컹해지지 않게 막아 주기 때문이다. 고기가 불에 그슬리는 듯싶으면 앞서 모아 두었던 지방을 발라 주는 것이 좋다.

캄프토사우루스는 이구아노돈의 선조일까?

다음은 모리슨 평야의 조각류 중에서 비교적 커다란 캄프토사우루스Camptosaurus이다. 드리오사우루스 같은 중형 조각류를 그대로 확대하면 몸길이가 약 6미터에서 8미터, 몸통 크기는 소 정도 되는 공룡이 만들어진다. 이 공룡의 생김새는 조금 더 진화한 후에 등장하는 친척뻘, 즉 그 유명한 이구아노돈Iguanodon과 비슷하다. 친척뻘이라기보다 어쩌면 이구아노돈의 선조인지도 모른다. 골반 모양은 새와 비슷하고 양 다리 사이에는 커다란 장을 담고 있으며 조각류치고는 몸무게가 꽤 나간다. 두 다리로 걷기가 힘들 만큼 무거운 몸 때문에 아마도 대부분의 시간을 네 다리로 걸으면서 보냈을 것이다.

캄프토사우루스는 소형 조각류와 달리 머리가 길고 가늘며 입

7장 당신의 생사를 결정하는 수각류와 조각류 구별법

에는 튼튼한 이빨이 촘촘하게 자라 있다. 이 근처에 자라는 식물 중에는 분명히 단단한 소철의 이파리를 뜯어 먹었을 것이다.

앞발에는 다른 조각류와 마찬가지로 다섯 개의 발가락이 달렸다. 첫째 발가락, 즉 엄지발가락에는 날카로운 발톱이 나 있지만 이는 방어용이거나 나무에서 이파리를 떼는 용도로 사용했을 수도 있다. 안쪽에 달린 발가락 세 개는 꽤 튼튼해서 네 발로 걸을 때 몸무게를 지탱했을지도 모른다. 튼튼한 발목 또한 양쪽 앞발이 몸무게를 떠받쳤으리라는 추측을 뒷받침한다.

공룡 고기 중에 가장 맛있는 부위는?

캄프토사우루스는 몸통 크기가 소와 비슷하므로 그 고기 또한 식량으로 삼을 수 있을지도 모른다. 우리가 식용으로 삼는 동물은 몸의 부위에 따라 고기의 성질이 다르다. 모리슨층에서 출토된 공룡 뼈 화석을 보면 육식 공룡의 잇자국이 골반과 뒷다리에 몰려 있다. 이는 곧 이 부위의 고기가 가장 맛있을지도 모른다는 뜻이다.

이러한 추측의 토대가 되는 또 한 가지 단서가 바로 현대 세계의 식용 조류 가운데 가장 커다란 타조이다. 타조는 조각류 공룡과 친척 관계이므로 골격이나 생리 기능 또한 비슷할지도 모른다. 하지만 닭은 사정이 다르다. 닭고기 중에 으뜸으로 치는 부위는 가슴살이다. 두꺼운 가슴뼈가 커다란 날개 근육을 떠받치다 보니 이 부위에 두툼한 살이 붙은 것이다. 물론 타조는 날개 근육이 없기 때문에 식용으로 삼는 부위는 주로 다리 근육이다. 타조에서 얻을 수 있는 고기로 미루어 캄프토사우루스 고기 중에 가장 부드러운 부위는 넓적다리 살로 보인다. 한편 가마에 넣고 구워 먹기 좋은 부위는 정강이에 붙은 살이다. 일단 고기를 구하면 조리법은 석쇠 구이, 직화 구이, 스튜, 튀김, 가마 구이, 찜, 훈제 등 여러 가지가 있다. 조리가 끝난 음식은 뜨겁게 먹어도 좋고 차갑게 먹어도 상관 없다. 캄프토사우루스의 고기는 우리에게 타조보다 더 익숙한 포유류 고기와 비교할 때 지방이 적기 때문에 빠른 시간 안에 조리해야 한다.

현대인들의 입맛에 익숙한 고기를 기준으로 공룡 고기의 맛을 예상했다가는 낭패를 볼지도 모른다. 오래전 모리셔스 섬을 방문한 선원들은 날지 못하는 새인 '도도'를 보고 절호의 식량으로 여겼다. 그러나 아쉽게도 막상 시식해 보니 도저히 먹을 수 있는 맛이 아니었다.

수렵 채집 생활보다 더 안정적으로 식량을 확보하며 살고 싶다는 생각이 들면 이제 가축을 키울 때가 됐다는 뜻이다. 이때 캄프토사우루스는 처음 키우기에 가장 적합한 공룡이다. 현대 세계에서는 캄프토사우루스 크기의 동물, 예컨대 소를 키울 때 한 마리당 최소 0.4~0.5헥타르의 땅을 확보하는 것이 기본 원칙이다. 이 기본 면적에 소 떼의 머릿수를 곱했을 때 나오는 수치가 방목지로 필요한 최소 면적이다. 그러나 이는 어디까지나 캄프토사우루스의 생리 기능과 생물로서 요구하는 바가 소와 비슷하다고 가정할 때의 계산법이다. 소는 포유류이므로 체온이 일정하게 유지되는 정

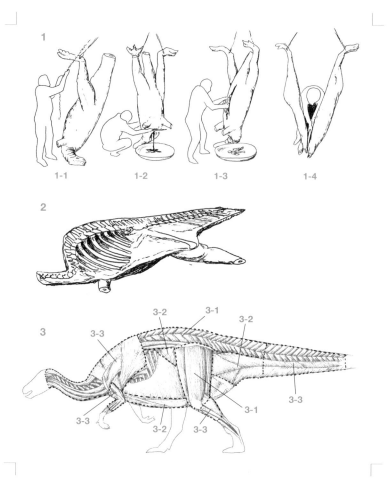

온 동물이다. 잘 알려졌듯이 정온 동물이 생리 기능을 유지하려면 몸무게가 같은 변온 동물과 비교하여 10배나 되는 식량을 섭취해야 한다. 따라서 캄프토사우루스가 소와 같은 정온 동물이라면 소를 기를 때와 똑같은 면적의 방목지가 필요할 테지만, 만약 변온 동물이라면 그 10분의 1로도 충분하다. 공룡을 기를 때 갖추

◀ **공룡 고기 손질법**

1 캄프토사우루스를 손질하는 방법
1-1 양 앞발과 꼬리 뒷부분 3분의 2를 제거하고 뒷다리를 묶어 매단다.
1-2 목에 칼집을 넣고 피를 받는다.
1-3 배를 가르고 내장을 모조리 제거한다.
1-4 온몸을 세로로 이등분한다.

2 몸통을 통째로 처리하는 대신 반 토막으로 나누면 손질하기가 더 쉽다.

3 근육 부위에 따라 다른 육질
3-1 최고 등급. 부드러워서 조리하는 데 걸리는 시간도 짧다. 프라이팬에 지지거나 불에 직접 구워 먹는 부위.
3-2 육즙이 빠지지 않도록 두껍게 썰어야 할 부위. 가마에 넣고 구워 먹으면 좋다.
3-3 딱딱한 부위. 익는 데 시간이 걸리므로 스튜를 만들거나 채소와 함께 삶아 먹으면 좋다. 물을 많이 넣고 오래 익혀야 섬유질이 부드러워진다.

어야 할 생물학적 필요조건에 관해서는 말할 것도 없이 현지에 가서 직접 확인하는 수밖에 없다.

그 밖에 고려해야 할 사항으로는 깨끗한 물을 확보하는 것, 사료로 쓸 식물을 고르는 것 등이 있다. 인공적으로 집단 사육하는 동물은 자연에서 무리 지어 사는 동물들과 달리 병에 걸리기 쉽고 기생충도 잘 생기기 때문에 깨끗한 물이 반드시 필요하다. 사료용 작물을 재배할 경우, 이익이 많이 나는 농장들은 대개 여러 가지 작물을 동시에 재배한다는 사실을 명심할 필요가 있다. 반면에 캄프토사우루스를 관찰하다가 가장 선호하는 식물이 어떤 것인지 알아내서 그 식물만 재배하는 것도 한 가지 방법이다. 이 경우에는 방목지의 한 구역에 일정 기간 동안 울타리를 치고 공룡들이 그 안에서만 식물을 먹게 하는 것이 좋다. 이 구역의 식물을 다 먹어 치우면 울타리를 다른 곳으로 옮겨 새 구역을 만들고 이곳에서 다시

식물을 뜯게 한다. 이렇게 하면 먼젓번 구역의 땅을 식물 뿌리가 남아 있는 채로 갈아엎어 흙이 생기를 되찾게 할 수 있다. 가축들이 멋대로 활보하면서 식물을 뜯게 놔뒀다가는 지력이 떨어져서 나중에는 가축도 건강을 잃고 만다.

　캄프토사우루스는 이동하는 습성을 지닌 공룡이므로 한 곳에 계속 가두어 두면 잘 자라지 못할지도 모른다. 무리의 개체 수를 계속 유지하며 키우고 싶다면 당신도 함께 이동하는 것이 좋다. 이렇게 하면 당신도 어엿한 유목민이 될 수 있다.

8장

갑옷 공룡 스테고사우루스,
과연 쓸모가 있을까?

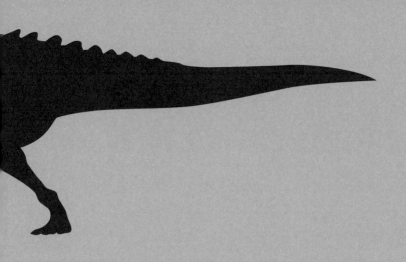

모리슨 평야에서는 수각류와 용각류, 그리고 조각류가 수도 가장 많고 종류도 다양한 공룡군이다. 그러나 그들 외에 다른 공룡들도 살고 있다. 이 공룡들은 조각류와 가장 비슷하지만 특징은 아예 딴판이다. 무엇보다 두 다리로 걷지 않는다. 몸이 너무 무겁기 때문이다. 판자나 방패, 갑옷 같은 껍데기들을 등에 지고 있다 보니 네 발로 걸을 수밖에 없는 것이다.

보호판을 두른 공룡 스테고사우루스와 갑옷을 두른 공룡 안킬로사우루스가 바로 그 주인공들이다. 이 둘은 함께 티레오포라 Thyreophorans(갑옷을 입은 자들)로 분류된다.

눈만 뜨면 보이는 스테고사우루스

당신은 모리슨 평야에 도착하기 전부터 이미 스테고사우루스 Stegosaurus의 생김새에 관해 잘 알고 있었을 것이다. 그렇다. 이곳에는 당신이 알던 바로 그 공룡이 그 모습 그대로 살고 있다. 모리슨 평야의 공룡들 가운데 생김새가 가장 독특해서 굳이 묘사하지 않아도 금세 알아볼 수 있을 것이다.

몸길이는 최대 9미터에 이르고 몸통은 코끼리처럼 커다랗다. 네 다리를 보면 앞다리가 뒷다리보다 짧아서 등이 어깨 쪽으로 경사져 있다. 목은 기다랗고 잘 휘어지며 끄트머리에 붙은 머리는 조그맣다. 몸 뒤쪽에는 꼬리가 수평으로 뻗어 있다. 그리고 등에는, 그렇다, 그 유명한 골판이 나 있다! 넓적한 골판 열일곱 장 정도가 목에서 등을 따라 꼬리까지 줄지어 나 있다. 목에 붙은 골판은 크기가 작고 타원형이다. 등의 골판은 커다랗고 마름모꼴인데 꼬리 쪽으로 갈수록 크기가 커져서 골반 윗부분에 붙은 것은 거의 1미터나 된다. 이곳을 지나면 다시 작아져서 꼬리까지 이어진다. 꼬리 끄트머리에는 기다란 가시가 두 개 나 있는데 이 가시를 무기로 이용한다.

이 골판은 등뼈의 중심선을 살짝 벗어나 두 줄로 나 있는데 건너편과 겹치지 않도록 서로 엇갈리는 형태로 이어졌으리라 추정된다. 그러나 이는 단지 현대 학자들의 일치된 견해에 지나지 않으므로 실제로 어떠했는지는 알 수 없다. 만약 당신이 스테고사우루스의 실제 모습을 보면 당황할지도 모른다. 골판이 대칭형으로 한 쌍을 이루고 늘어서 있을 수도 있고, 아니면 서로 겹쳐져서 한 줄로 나 있을 수도 있기 때문이다. 학자들이 답을 구하기 위해 한 세기 반 동안이나 열띤 논쟁을 벌여 왔던 의문이 모리슨 평야에서 해결된다면 정말이지 통쾌하지 않을까?

이와 더불어 논쟁을 불러일으키는 것이 바로 스테고사우루스의 골판이 어떤 재질로 덮여 있었는가 하는 의문이다. 지금으로서는 확인할 수 있는 증거가 뼈 화석밖에 남아 있지 않기 때문이다. 뼈 자체가 바깥으로 드러나 있었으리라는 추측은 비현실적이다. 뼈 조직에 혈관이 지나는 흔적이 남아 있으므로 골판 자체는 심지이고 겉면은 모종의 재질로 뒤덮여 있었음을 알 수 있다. 어쩌면 피부일 수도 있고 아니면 각질일 수도 있다.

만약 피부로 덮여 있었다면 열을 흡수하고 방출할 수 있었을 것이다. 예컨대 아침 햇살에서 따뜻한 기운을 흡수하면 혈액이 잘 돌아서 아침 일찍부터 힘차게 활동할 수 있다. 한낮에는 골판이 바람에 닿도록 자세를 유지하여 커다란 몸에서 나오는 여분의 열을 바람으로 식힐 수도 있다. 뿐만 아니라 이 정도로 커다란 골판이라면 틀림없이 같은 종의 동료들이나 적들에게 힘을 과시하는 선전판으로도 손색이 없다. 그러므로 골판의 색깔은 분명히 화려했을 것이다. 골판을 감싼 피부는 혈액 순환만 조절하는 단순한 구조로 되어 있었을 것이며, 어쩌면 기분에 따라 카멜레온처럼 색을 바꿀 수도 있었을 것이다.

만약 골판이 각질로 덮여 있다면 겉으로 보이는 부분은 심지인 뼈 자체보다 훨씬 더 커다랬을 것이다. 골판 가장자리는 면도날처럼 예리하고 끝 부분도 날카로워서 무기처럼 사용했을지도 모른다. 그렇다면 색깔은 역시 현대 세계에 사는 큰부리새나 코뿔새의 부리처럼 화려했을 것이다. 다만 이 경우에는 피부로 덮인 골판과 달리 색이 바뀌지 않고 일정하게 유지되었을 듯싶다.

◀ **티레오포라(갑옷 공룡)류**

1 스테고사우루스 못 알아볼 걱정은 안 해도 된다. 피부 또는 피부와 비슷한 소재로 뒤덮인 수직 골판이 등골을 따라 두 줄로 늘어서 있다. 꼬리에는 가시 두 쌍이 나란히 튀어나와 있다. 스테고사우루스 아르마투스, 스테고사우루스 스테놉스, 스테고사우루스 롱기스피누스, 스테고사우루스 웅굴라투스 등 4개 종이 있다. 어쩌면 헤스페로사우루스 역시 스테고사우루스의 일종으로 분류할 수 있을지도 모른다. 이 경우 학명은 발굴자인 로널드 머시의 이름을 따 스테고사우루스 미오시가 된다.

2 헤스페로사우루스 스테고사우루스와 비슷하지만 덩치가 더 작다. 등의 골판은 아래위보다 옆으로 더 넓으며 머리가 두툼하다. 종은 헤스페로사우루스 미오시뿐이다.

3 가르고일레오사우루스 전형적인 안킬로사우루스과의 폴라칸투스아과(가시가 많은 공룡류)이다. 목과 등에는 크고 작은 가시가 잔뜩 나 있고 허리는 골판으로 덮여 있으며, 몸통과 꼬리에는 날카로운 가시가 수평으로 돋아 있다. 종은 가르고일레오사우루스 파르크피노룸뿐이다.
3-1 가르고일레오사우루스의 실루엣. 다른 종들과 크기를 비교해 보라.

4 미모오라펠타 가르고일레오사우루스와 비슷하지만 머리뼈와 등뼈의 자잘한 곳이 서로 다르다. 종은 미모오라펠타 마이시뿐이다.
4-1 미모오라펠타의 실루엣. 다른 종들과 크기를 비교해 보라.

  지금은 각질이 아니라 피부로 덮여 있었다는 학설이 널리 인정되는 분위기이다. 피부는 각질보다 훨씬 많은 혈액이 필요하다. 뼈 조직에 새겨진 혈관 흔적이 매우 촘촘한 것을 보면 피부에 충분한 혈액을 공급할 수 있었으리라 추정된다.

  꼬리 끄트머리의 가시는 양쪽으로 튀어 나온 모양에서 알 수 있듯이 매우 위험한 무기였다. 명백히 각질로 감싸인 이 가시는 뾰족한 끄트머리 쪽으로 갈수록 가늘어진다. 스테고사우루스의 꼬리뼈는 대형 공룡과 달리 힘줄이 많이 붙지 않아서 꼬리가 잘 휘어진다. 따라서 가시가 붙은 꼬리 끄트머리를 자유롭게 휘두를 수 있다. 무게 중심은 뒷다리 부근에 있기 때문에 몸 앞부분을 좌우로 흔들면 꼬리의 회전력이 높아진다. 이 말은 곧 당신도 조심해야 한다는 뜻이다! 스테고사우루스의 꼬리 가시 화석 가운데 약 10퍼센트는 가시에 손상을 입었다가 회복한 흔적이 남아 있다. 다시 말해 이 무기를 끊임없이 사용했다는 뜻이자, 그 무기의 주인이 연이은 전투에서 승리하고 살아남았다는 뜻이기도 하다. 알로사우루스의 화석 가운데 어떤 것은 찔린 자국이 남아 있는데 이 자국은 스테고사우루스의 꼬리에 강타당한 흔적과 일치한다. 개중에는 가시의 파편이 상처에 그대로 박힌 채 남아 있는 화석도 있다. 이는 스테고사우루스의 무기인 꼬리 가시가 부러질 정도로 격렬하게 싸웠다는 증거이다. 알로사우루스조차도 그토록 큰 타격을 받았는데 당신이 멋모르고 너무 가까이 접근하기라도 했다가는 어떤 꼴이 될지…… 상상에 맡기기로 한다.

등과 꼬리에 늠름하게 늘어선 골판과 가시를 보면 스테고사우루스가 숲에 살았다고 생각하기는 힘들다. 숲에 들어가면 골판은 나뭇가지에 걸려 성가신 존재일 뿐이다. 실제로 스테고사우루스의 화석은 거의 모두 탁 트인 범람원에 형성된 이암층에서 발견되는데 이는 곧 그들이 이곳에 서식했다는 증거이다. 물길이 지나던 자리의 사암층에서 관절이 조각조각 흩어진 상태로 발견된 화석도 있다. 이는 평야에서 쓰러진 스테고사우루스의 주검이 홍수로 떠내려 와서 하천에 흘러들었다가 홍수가 끝난 후에 하천 바닥에 가라앉았을 가능성을 시사한다. 따라서 스테고사우루스는 드넓은 범람원에서 가장 많이 눈에 띌 것이다. 스테고사우루스 화석은 모리슨층에서 매우 흔한 화석으로서 모리슨 평야 전역에 걸쳐 발견된다. 학술적 기준에 따르면 적어도 6개 종이 스테고사우루스로 분류된다. 모리슨 평야에 도착하면 어디서든 스테고사우루스를 볼 수 있을 것이다.

머리의 위치를 보면 스테고사우루스가 지면에서 1미터 이내에 있는 식물을 먹고 살았음을 알 수 있다. 이 점 또한 평탄한 땅에서 살았으리라는 추측과 일치한다. 그러나 스테고사우루스는 뒷다리로 설 수 있었기 때문에 높이가 6미터 정도 되는 나무의 이파리를 뜯어먹었으리라는 학설도 있다. 무게 중심이 허리 부근에 있기 때문에 이러한 자세를 취할 수 있었다는 것이다. 하지만 여기에 반대하는 학자들도 있다. 이들은 꼬리에 골판이 붙어 있기 때문에 유연성이 부족해서 뒷다리로 설 수 없었다고 주장한다. 어느 쪽 주장이 옳든 간에, 턱이 조그마한 점을 감안하면 스테고사우루스는 식물을 가려 먹었으리라 추정된다. 어쩌면 키카데오이드의 자실체를 따서 속만 파먹었을지도 모른다.

스테고사우루스의 축소판 헤스페로사우루스

스테고사우루스과의 공룡은 스테고사우루스뿐만이 아니다. 골판이 배치된 모양이나 꼬리의 가시 모양이 제각각 다른 여러 종이 세계 각지의 쥐라기 후기 지층에서 발견된다.

모리슨 평야에 서식한 공룡 중에서는 헤스페로사우루스Hesper-osaurus가 스테고사우루스의 동료에 해당한다. 헤스페로사우루스는 스테고사우루스보다 더 원시적이고 크기도 조금 작다.

가장 두드러지는 차이점은 머리 형태이다. 스테고사우루스는 두 개골이 가느다란 데 비해 헤스페로사우루스는 넓적하고 굵직하며 이빨도 커다랗다. 그러나 멀리서 봤을 때 가장 뚜렷이 드러나는 차이점은 골판의 생김새이다. 헤스페로사우루스의 골판은 스테고사우루스보다 짤막하고 폭이 넓으며 둥그런 것이 특징이다.

헤스페로사우루스는 화석 증거가 한 점밖에 남아 있지 않기 때문에 수가 얼마나 많았는지, 또 얼마나 널리 분포했는지는 확실히 알 수 없다. 게다가 화석이 발견된 지층도 맨 아래쪽의 것이므로 어쩌면 모리슨층 형성기의 극히 초기에만 서식했는지도 모른다. 아마도 나중에 등장한 스테고사우루스와 동일한 환경에서 살다가 스테고사우루스가 우세한 지위를 차지하기 전에 이미 멸종했을 것이다. 다만 헤스페로사우루스와 스테고사우루스 사이에는 그리 큰 차이가 없다. 그러다 보니 헤스페로사우루스는 사실 스테고사우루스의 일종에 지나지 않는다는 새로운 연구 결과도 존재한다.

수수께끼의 공룡 히프시로푸스

히프시로푸스Hypsirophus에 관해서는 밝혀진 바가 거의 없다. 화석 증거가 공룡 연구의 초기 단계에 발견된 척추뼈 파편 몇 조각뿐이기 때문이다. 현재로서는 스테고사우루스의 일종으로 추정되지만 스테고사우루스과의 다른 공룡과 구별하여 별도의 속으로 볼 만

한 차이점 또한 충분히 존재한다. 히프시로푸스의 유일한 화석 증거는 모리슨층의 최상층에 가까운 지층에서 출토되었는데, 이는 곧 스테고사우루스의 화석이 대량으로 발견된 지층보다 시대상으로 나중에 해당한다는 뜻이다. 그렇다면 히프시로푸스는 쥐라기 말기에만 존재했을까? 아니면 오랜 기간 존재했지만 발견된 화석이 한 점뿐일까? 당장은 확실히 말하기가 힘들다. 모리슨 평야에 도착한 당신은 과연 스테고사우루스과를 대표하는 모든 공룡과 만날 수 있을까? 아마도, 만날 수 있을 것이다. 지금은 일단 기다려 보기로 하자.

스테고사우루스는 쓸모 있는 공룡일까?

십중팔구는 쓸모가 있을 것이다. 이런 종류의 동물은 대개 살이 많이 붙어 있다. 게다가 등에 달린 골판은 기와 대신 지붕을 덮는 용도로 사용하는 등 건축 자재로 쓸모가 있을지도 모른다. 다만 사용할 수 있는 골판은 한 마리당 몇 장에 지나지 않을뿐더러, 내구성이 강한지 어떤지도 장담하기 힘들다. 스테고사우루스 한 마리 몫의 골판은 옥외 화장실의 지붕을 덮을 정도밖에 안 될 것이다. 게다가 무슨 용도로 쓰든 간에 스테고사우루스를 잡으려고 마음먹었다면, 가시가 달린 꼬리를 조심해야 한다! 정면으로 맞서기보다는 덫을 설치하여 붙잡는 편이 더 나을 것이다.

이때 대형 동물 사냥에 관하여 오랜 전통을 지닌 민족으로부터

▲ 스테고사우루스의 골판은 오두막의 지붕을 덮을 때 기와 대신 사용할 수 있다.

지혜를 빌리는 것도 좋은 방법이다. 북아메리카 원주민들은 예로부터 무거운 물체로 덫을 만들어 곰을 잡았다. 이 덫의 기본 원리는 다음과 같다. 동물이 덫을 건드리면 연결 장치가 작동하여 위쪽에 불안정하게 매달려 있던 통나무나 바위 같은 무거운 물체가 떨어지고, 표적이 된 동물은 여기에 깔려 치명상을 입는다. 스테고사우루스처럼 머리가 작은 동물은 이런 식의 덫에 쉽게 걸릴 것이다. 우선은 스테고사우루스를 잘 연구하여 습성과 식사 장소, 자주 다니는 길 등을 확실히 알아 두어야 한다. 그런 다음 지면에서 1미터 정도 높이에서 작동하도록 덫을 놓으면 된다.

무엇보다 조심, 또 조심해야 한다. 스테고사우루스는 허리에 제2의 뇌가 있다는 말을 들어 본 적이 있는가? 몇 년 전에는 이러한 가설이 널리 유행했다. 스테고사우루스의 머리에 들어 있는 뇌는 공룡 중에서도 가장 작을 뿐 아니라 몸통에 비해서도 터무니없이 작기 때문에 몸 전체를 제어하기가 불가능하며, 따라서 두뇌를 보강하기 위해 일종의 외장형 하드 드라이브 같은 제2의 뇌가 있었다는 것이다. 이 가설에 따르면 스테고사우루스는 척수가 골반 근처를 지나는 부분에 빈자리가 있는데 이곳에 뒷다리와 꼬리를 도맡아 제어하는 제2의 뇌가 있다고 한다.

그러나 이 가설은 신빙성이 부족한 탓에 인기가 시들해졌다. 꼬리뼈가 시작되는 부분에 있는 빈자리가 모종의 기능을 수행한 것만은 틀림없는 사실이다. 어쩌면 이곳에 신경이나 분비샘이 자리를 잡고 몸 뒤쪽 절반에 힘을 공급했는지도 모른다. 그러나 이러한 기관은 제2의 뇌가 아니다. 설령 제2의 뇌가 없다 하더라도, 또한 당신이 만든 덫에 걸린 스테고사우루스가 머리도 뇌도 모조리 부서졌다 하더라도, 위험하기 짝이 없는 꼬리에는 절대로 가까이 가면 안 된다. 골반의 빈자리에 있는 기관이 무엇이든 간에 죽은 스테고사우루스의 근육이 마치 목이 잘린 후에도 퍼덕거리는 닭처럼 경련을 일으킬 수도 있고, 이 때문에 자칫 위험한 결과를 불러올 수도 있기 때문이다.

갑옷을 두른 공룡 안킬로사우루스

모리슨 평야에서 만날 공룡들 가운데 마지막을 장식하는 주인공은 바로 안킬로사우루스이다. 이 공룡은 등이 모자이크처럼 생긴

골편으로 뒤덮여 있고 몸통은 가로로 넓적하기 때문에 그야말로 갑옷을 두른 듯한 모양새이다. 스테고사우루스는 키도 클뿐더러 등에 세로로 난 골판을 위풍당당하게 과시하는 반면에 안킬로사우루스는 땅딸막하다. 골반 역시 초식 동물 특유의 커다란 장을 담을 수 있게 널찍하다. 소화 기관은 아마도 큼직한 발효 용기 몇 개로 이루어졌을 텐데, 여기에 미생물이 서식하면서 소화하기 힘든 식물성 먹이를 잘 흡수되는 물질로 분해했을 가능성이 있다.

스테고사우루스가 쥐라기에 우세했던 티레오포라였다면 안킬로사우루스류는 백악기에 우세했던 공룡이었다. 스테고사우루스가 쇠퇴하여 멸종한 후에 안킬로사우루스류가 그 자리를 대신했던 것이다. 하지만 이들은 쥐라기에도 이미 잔뜩 서식했다.

스테고사우루스의 등에 돋은 골판이 실제로 갑옷 구실을 했는지에 관해서는 여전히 이론의 여지가 있다. 그러나 안킬로사우루스류에 관해서는 이론의 여지가 없다. 이들의 장갑을 보라, 그야말로 전차가 따로 없지 않은가! 안킬로사우루스류는 세 가지 유형이 있다. 첫째 유형은 툭 불거진 코끝이 평평하고 넓적하며, 꼬리 끄트머리에는 방망이 같은 혹이 나 있다. 둘째 유형은 코끝이 길고 가늘며 양어깨에 가시가 나 있다. 이 두 가지 유형은 백악기가 열리고도 한참 지난 후기에야 비로소 나타나기 시작한다. 이들보다 이른 시기에 등장한 것이 바로 셋째 유형으로서, 이들은 몸통 양쪽에 가시가 나 있고 허리 위쪽이 단단한 장갑으로 덮여 있다. 모리슨 평야에 서식하는 안킬로사우루스는 바로 이 셋째 유형이다.

꼬리를 휘둘러 상대를 베는 미모오라펠타

당신은 평탄한 범람원에서 키 작은 식물을 먹고 있는 미모오라펠타Mymoorapelta와 틀림없이 마주칠 것이다. 미모오라펠타는 공룡치고는 덩치가 조그마해서 몸길이는 2.7미터 정도이고 몸무게는 약 500킬로그램이다. 턱은 넓적하고 머리 높이는 양치류 잎에 파묻힐 정도로 낮다. 턱이 스테고사우루스보다 넓다는 말은 곧 눈앞에 식물이 있으면 뭐든 가리지 않고 먹어 치웠다는 의미일 것이다. 목은 아르마딜로의 등에 띠 모양으로 이어져 있는 단단한 골판, 즉 인갑과 비슷하게 고리 모양으로 이어진 뼈가 뒤덮고 있다. 등 역시 골판 두 줄이 평행으로 덮고 있으며 몸통 양 옆에는 온통 가시가 돋아 있다. 꼬리 양쪽에는 각질로 싸인 골판이 수평으로 튀어나와 있는데 아마도 가장자리가 날카롭고 끝도 뾰족했으리라 추측된다. 꼬리를 좌우로 흔들면 이 골판이 가윗날처럼 겹쳐져서 공격해오는 상대의 살을 찢었을 것이다.

헤스페로사우루스와 마찬가지로 미모오라펠타 역시 화석 증거가 하나밖에 없기 때문에 서식 범위나 개체 수는 밝혀지지 않았다. 다만 존재했다고 밝혀진 공룡들 가운데 가장 원시적인 안킬로사우루스류인 것만은 분명하다.

비슷하지만 다른 또 하나의 가족,
가르고일레오사우루스

모리슨 평야에는 원시적인 안킬로사우루스류가 한 종류 더 살고 있다. 바로 가르고일레오사우루스Gargoyleosaurus이다. 가르고일레오사우루스의 두개골은 별도의 속으로 너끈히 분류할 수 있을 만큼 미모오라펠타와 다르게 생겼다. 그러나 그 밖의 부분은 상당히 비슷하기 때문에 이제껏 세계 이곳저곳에서 출토된 가르고일레오사우루스과의 공룡 화석은 모두 미모오라펠타와 같은 계통으로 분류되었다. 가르고일레오사우루스는 몸길이가 3.7미터 정도이며 몸에 돋은 가시는 미모오라펠타보다 더 적다.

당신이 모리슨 평야에서 삶을 꾸려 가며 안킬로사우루스류와 잘 어울릴 수 있을지 어떨지, 딱 잘라 말하기는 힘들다. 아마도 당신에게 큰 위협이 되지는 않을 듯싶다. 이쪽에서 무시하면 아마 상대도 무시할 것이다. 반면에 이 공룡들을 어떤 자원으로 활용할 수 있을지는…… 글쎄, 그 답을 찾아내는 일은 당신 몫이다.

대형 동물 사냥용 날붙이와 폭약 만들기

살다 보면 어쩔 수 없이 대형 공룡을 잡아서 해체해야 할 일이 생길 것이다. 예컨대 스테고사우루스나 등이 방패 같은 골판으로 뒤덮인 안킬로사우루스류의 공룡을 잡아야 한다고 가정해 보자. 어떤 도구를 사용해야 할까? 모리슨 평야에서 손에 넣을 수 있는 재료는 어떤 것이 있을까? 당장 머릿속에 떠오르는 것은 코끼리 사냥용 대구경 엽총일 테지만, 당신은 무거운 짐이나 장비를 짊어지지 않은 채 모리슨 평야에 도착해야 한다는 전제를 기억해 주었으면 한다. 다시 말해 현지에서 구할 수 있는 재료 말고는 아무것도 사용할 수 없다는 뜻이다.

현지에서 손에 넣을 수 있는 재료로 한정할 경우, 맨 먼저 떠오르는 것은 나무와 뼈와 돌이다. 사실 오래전 북아메리카에 살던 원주민들은 부싯돌을 뾰족하게 깨서 만든 칼로 코끼리를 해체했다. 칼을 만들기에 적합한 돌은 모리슨 평야의 서쪽 산맥으로부터 흘러 온 모래와 자갈 속에서 찾을 수 있을 테지만, 이렇게 만든 도구로 대형 공룡을 잡으려면 상당한 배짱과 사냥 실력이 필요하다.

부싯돌은 예로부터 투박한 돌칼의 소재로 사용되었다. 이 돌은 산화규소의 일종으로서, 결정 구조를 지니지 않는 경우에는 유리에 가까운 성질을 띤다. 칼날의 소재로 가장 알맞은 것은 석회암 퇴적층에 덩어리 형태로 묻혀 있는 돌이지만, 아쉽게도 이런 유형의 석회암층이 형성되려면 모리슨층 형성기로부터 7000만 년을 더 기다려야 한다.

성분 및 구조는 부싯돌과 비슷하지만 덩어리가 아니라 층의 형태로 형성된 광물이 바로 처트이다. 처트는 깊은 바다의 퇴적층 속에 형성되는데 조산 활동 과정에서 밀려 올라와 산맥의 일부를 구성하는 경우가 흔하다. 모리슨 평야의 서쪽 산맥에도 분명 처트층이 존재할 것이다. 이 지층은 산이 침식을 겪는 과정에서 대기와 접촉하여 무너질 가능성이 높다. 이렇게 만들어진 처트 덩어리는 물에 휩쓸려 모리슨 평야에 떠내려 온다. 따라서 평야를 흐르는 하천의 만곡부 안쪽, 즉 물살이 느려져 퇴적층이 모래사장처럼 형성되는 곳을 찾아보면 좋을 것이다. 처트는 부싯돌보다 가공하기가 힘들지만 그래도 충분히 실용적이다.

돌칼의 소재로 처트 대신 사용할 수 있는 광물에는 흑요석이 있다. 용암의 일종인 흑요석은 원재료인 마그마가 너무 급히 식는 바람에 결정 구조를 형성하지 못하고 만들어진 암석으로서, 부싯돌과 매우 비슷한 유리 모양 덩어리이다. 이러한 용암이 만들어지는 화산은 모리슨 평야의 서쪽 산맥에서 발견할 수 있을 것이다. 사실 선사 시대 이후에도 북아메리카의 캘리포니아 지역에 거주하던 원주민들은 근처의 시에라 산맥에서 흑요석을 채취하여 도구를 만드는 데 사용했다. 흑요석은 도구 재료로만 보면 오히려 부싯돌보다 더 우수하다. 아니, 그저 우수한 정도가 아니다. 깨진 흑요석의 가장자리는 최고급 강철보다 예리하고 단단하기 때문에 현대에도 외과용 수술칼로 사용한다. 흑요석 또한 하천에 실려 모리슨 평야에 흘러와서 물살이 느려지는 곳에 퇴적된다.

이러한 광물들이 돌칼의 소재로 적합한 까닭은 구조상 취약한 부분이 존재하지 않기 때문이다. 다시 말하면 특정한 선을 따라 갈라지는 대신 아무 방향으로나 부서진다. 따라서 이러한 광물에 타격을 가하면 충격파가 모든 방향으로 퍼져 나가 동그란 파편들이 생겨난다. 파편의 테두리는 매우 날카롭기 때문에 이 부분을 더 가공하면 훌륭한 돌칼이 만들어진다. 먼 옛날 사람들은 부싯돌이나 흑요석으로 만든 돌칼로 코끼리의 가죽을 벗겼다. 따라서 이러한 도구는 공룡을 해체하기에도 부족하지 않을 것이다.

부싯돌의 또 한 가지 전통적인 용도는 불을 일으키는 것이다. 부싯돌을 금속에 대고 탁탁 치면 불꽃이 튄다. 이렇게 튄 불꽃을 가연성 소재에 받으면서 조심스레 숨을 불면 불이 피어오른다. 이 시대의 대기는 산소 농도가 높으므로 당신도 금세 불 피우기 달인이 될 수 있을 것이다. 여기서 더 발전하면 폭약도 만들 수 있을 것이다. 화약은 질산염과 숯과 유황을 혼합하여 만드는데 이때 필요한 질산염은 모리슨 평야 남부의 염호에서 손에 넣을 수 있다. 숯은 나무를 구워 만들면 되고 유황은 서쪽 산맥의 분화구에서 채취하면 된다.

불과 화약이 있으면 모리슨 평야에 사는 가장 강력한 대형 공룡도 제압할 수 있을 것이다. 물론 천하무적으로 보이는 티레오포라도 예외는 아니다.

9장

자, 공룡 시대의 하루를 즐겨 보자!

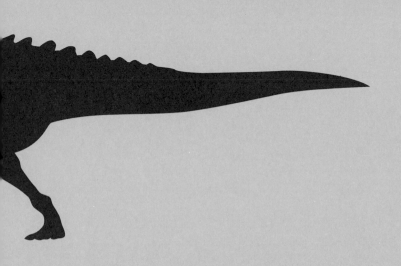

공룡 가죽 벗기는 법

만약 당신이 〈기원전 100만 년〉이나 〈고인돌 가족 플린스톤〉 같은 영화를 본 적이 있다면, 또는 원시인이 등장하는 게리 라슨의 만화를 보고 웃은 적이 있다면 아마도 공룡과 더불어 살아갈 때 어떻게 차려입어야 하는지 이미 알고 있을 것이다. 그렇다. 이 시대에 유행하는 옷감은 단 한 가지, 바로 동물 가죽이다.

모리슨 평야에 도착해 보면 알 테지만 현대 세계에서 가져간 옷은 그리 오래 버티지 못한다. 이제 옷 대신 입을 것을 찾아야 한다는 뜻이다. 어쨌거나 이곳은 동물의 천국이므로 가죽을 가공해서 입는 것이 최선이다.

우선 어떤 동물의 가죽을 소재로 삼을지부터 결정해야 한다. 북아메리카의 숲에 살던 원주민들 사이에서는 '벗길 수 있는 가죽은 무두질도 할 수 있다.'라는 말이 전해 내려온다. 가죽을 벗기려고 할 때에는 현대 세계에 사는 동물과 체형이 비슷한 동물을 고르는 것이 좋다. 그래야 현대의 가죽 처리법을 사용할 수 있기 때문이다. 우리는 7장에서 이미 캄프토사우루스 고기 해체법을 살펴본바 있다. 이 장에서는 캄프토사우루스를 잡았다는 가정 하에 식량과 가죽을 함께 얻는 방법을 알아보기로 하자.

캄프토사우루스와 가장 비슷한 현대의 동물은 아마도 악어일 것이다. 둘 다 비교적 덩치가 크고 온몸이 비늘 같은 가죽으로 덮여 있기 때문이다. 악어가죽을 벗길 때에는 조그마한 비늘이 있는 부분에 칼집이 나지 않도록 주의해야 한다. 이 부분이 가장 유용하기 때문이다. 반면에 등뼈를 따라 인갑이 죽 늘어선 부분은 별값어치가 없기 때문에 등가죽은 통째로 버리기도 한다. 캄프토사우루스의 비늘이 어떤 모양으로 배치되어 있는지는 아직 알 수 없지만, 후손에 해당하는 오리너구리를 토대로 미루어 보면 콩알보다 더 자잘한 비늘로 온몸이 뒤덮여 있고 동전 크기만 한 큰 비늘은 무릎 아래쪽에만 붙어 있을 가능성이 있다. 이러한 비늘 분포상태는 무릎 아래를 보호하기 위한 진화상의 적응으로 보인다. 빽빽이 자란 양치류를 헤치고 돌아다니다 보면 옆으로 누웠던 식물이 다시 일어서면서 다리를 철썩철썩 때리기 때문이다. 어쩌면 캄프토사우루스의 등에는 볏이 있었을지도 모른다. 이 볏은 비늘보다 가죽에 가까웠으며, 두께와 단단함은 사람의 귓불과 비슷했으리라 추정된다. 그러나 이러한 추측은 모두 오류일 수도 있다. 캄프토사우루스의 피부 화석이 발견되지 않은 이상 확실한 것은 알수 없기 때문이다. 등이 악어처럼 두꺼운 인갑으로 뒤덮였을 가능성도 있다. 무엇보다 중요한 것은 어떤 방식으로 칼집을 넣어 벗기든 간에 일단 벗긴 가죽은 곧바로 손질해야 한다는 점이다.

벗긴 생가죽을 그대로 옷감으로 쓸 수는 없다. 유기 소재가 모두 그러하듯이 생가죽 또한 미생물의 표적이 되어 부패하기 때문이다. 생가죽으로 옷을 지어 입으면 오래지 않아 썩어서 지독한 냄새가 난다. 따라서 우선은 몇 단계에 걸쳐 가죽을 가공하지 않으면 안 된다.

동물 가죽을 벗겨서 살점과 지방을 깨끗이 제거한 다음 넓게 펴서 말린 것을 원피原皮라고 한다. 원피는 딱딱하고 반투명한 상태이며 매우 질기다. 먼저 석회 용액이나 숯과 물의 혼합액에 생가죽을 담가 부드럽게 만든 다음, 날이 무딘 칼로 살점과 지방을 깨끗이 제거한다. 그다음은 건조시키기만 하면 되는데 보통은 가죽에 주름이 생기지 않도록 틀에 펼쳐 놓고 말린다. 당신에게 가장 실용적인 원피 활용법은 오두막을 지을 때 끈 대신 사용하는 것이다. 원피를 길고 가늘게 잘라 물에 담가 두면 부드러운 끈이 되는데 이 끈은 목재의 이음새 부분을 묶기에 아주 좋다. 원피로 만든 끈은 건조해지면 오그라들어서 목재를 바짝 조여 고정시킨다. 하지만 습기가 차면 금세 축 늘어지기 때문에 반드시 방수 처리를 해야 한다. 이 경우에는 침엽수의 줄기 껍데기에 배어나는 나뭇진을 채취하여 바르면 좋은 효과를 얻을 수 있다. 원피는 매우 딱딱하기 때문에 옷 만들기에는 알맞지 않다. 가죽으로 옷을 지어 입으려면 별도의 처리 과정을 더 거쳐야 한다.

옷에 쓸 공룡 가죽을 무두질하는 법

동물의 생가죽을 무두질하면 단백질 구조가 이전과 전혀 다르게 바뀌기 때문에 부드럽고 부패에도 강한 소재를 얻을 수 있다. 우리가 흔히 가죽으로 부르는 소재는 이렇게 무두질 처리를 한 동물 생가죽이다.

무두질 과정의 전반부는 원피를 가공하는 과정과 비슷하다. 먼저 오염 물질을 제거하기 위해 석회 용액이나 숯 용액에 담가 둔다. 가죽이 부드러워지면 두드려서 섬유질을 분해하고 넓게 펼친 다음 칼로 살점과 지방을 깨끗이 제거한다. 그다음은 캄프토사우루스의 가죽이 통째로 들어갈 만큼 커다란 (물론 현지의 점토로 빚어 만든) 항아리를 준비한다. 이 항아리에 물을 한가득 붓고 소금을 적당히 푼다. 소금은 모리슨 평야에 뜨문뜨문 분포하는 말라붙은 호수의 바닥에서 쉽게 구할 수 있다. 항아리 바닥에 소금이 쌓이기 시작하면 그만 풀어도 좋다. 한편 살점을 완전히 제거한 가죽은 안쪽을 소금으로 두껍게 덮어 두었다가 단단히 오그라들면 소금물에 담근다. 가죽이 소금물에 가라앉는 동안 막대로 꾹꾹 눌러서 거품이 빠져나가게 해야 한다. 갓 잡은 동물의 가죽을 전문적으로 손질하는 현대의 가죽 장인들에 따르면, 이 경우 소금물에 필요한 소금의 양은 가죽 무게의 절반 정도라고 한다. 반면에 사냥으로 잡은 동물보다 캄프토사우루스와 구조가 더 비슷한 악어가죽을 전문적으로 처리하는 업자들에 따르면, 소금의 양은 보통 가죽 무게의 두 배가 필요하다고 한다. 어느 쪽이 옳든 간에 소금물은 가죽에 든 수분을 모조리 뽑아내는 한편으로 가죽에 이미 서식하고 있을지도 모르는 박테리아를 제거하는 작용도 한다. 가죽이 물에 완전히 잠기면 벌레나 세균이 들어가서 오염시키지 못하도록 뚜껑으로 단단히 막아 둔다. 뚜껑으로 막은 후에는 다음 단계의 준비를 끝마칠 때까지 가죽을 느긋하게 소금물에 담가 두도록 한다.

다음 단계는 효해^{bating}, 즉 가죽을 효소로 처리하는 과정이다. 이 효소는 가죽 속의 섬유와 반응을 일으켜 가죽의 질감을 부드럽게 한다. 이 과정을 거치면 다음 단계에서 사용하는 각종 화학 물질이 가죽에 잘 스며들게 하는 효과도 얻을 수 있다. 그럼 이런 효소는 어디서 구해야 할까? 답은 간단하다. 바로 동물의 배설물이다.

인류사를 훑어보면 알 수 있듯이 먼 옛날부터 모든 도시에는 가축과 인간의 배설물을 수거하는 사람이 있었다. 이렇게 모은 배설물을 가죽에 치대거나 배설물과 물을 섞은 구덩이에 가죽을 담그고 자근자근 밟는다. 이때 맨발로 밟으면 효과가 더욱 좋다. 몇 시간 동안 밟다 보면 가죽이 충분히 부드러워진다. 이 과정에 가장 알맞은 재료는 육식 동물의 배설물이다. 이거라면 모리슨 평야에는 징그러울 정도로 많이 널려 있을 테니 어디서 구할지 걱정하지 않아도 된다. 물론 공룡 똥을 구하려고 알로사우루스의 뒤꽁무니를 졸졸 따라다니게 될 줄은 꿈에도 몰랐겠지만 말이다.

다음은 드디어 무두질을 할 차례이다. 무두질은 태닝^{tanning}이라는 영어 표현에서도 알 수 있듯이 가죽을 활성 화학 물질인 타닌^{tan-}

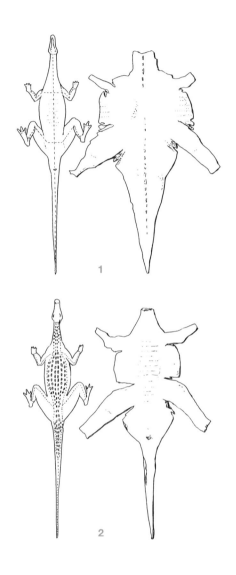

1

2

[nin]으로 가공하는 과정이다. 예로부터 전해 내려오는 무두질 방법
은 가죽의 원래 주인이었던 동물의 뇌를 이용하는 것이다. 현대의
시점에서 볼 때 조금 앞선 과거의 사냥꾼들 사이에서는 '동물이 살

◀ **캄프토사우루스의 가죽을 벗기는 방법**

캄프토사우루스의 피부가 어떤 재질인지 알 수 없으므로 가죽 벗기는 방법은 몇 가지로 추측할 수 있다.

1 소나 사슴 같은 대형 포유류의 가죽을 벗기는 방법 피부가 다른 조각류와 비슷할 경우, 즉 전신이 비늘로 덮여 있고 무릎 아래는 두꺼운 비늘이 뒤덮고 있을 경우에는 이 방법을 쓰는 것이 좋다. 배 쪽에 칼집을 넣으면 가죽 재료로 쓸 수 있는 부분이 넓어진다.

2 악어가죽 벗기는 방법 캄프토사우루스의 등에 커다란 인갑이 있을 경우에는 잘라서 버려야 한다. 인갑 부분을 중심으로 삼고 넓적다리 부분에 칼집을 낸다. 재료로 쓸 수 있는 면적은 그리 넓지 않다.

아 있을 때에나 죽은 후에나 가죽을 오래 보관하는 일은 뇌의 몫이다.'라는 격언까지 전해졌다. 이 전통 처리법을 따를 경우에는 동물을 잡자마자 뇌를 꺼내어 물을 조금 붓고 끓인다. 뇌와 물의 혼합액이 뜨거워지면 가죽에 문질러 바른다. 이때 혼합액은 남기지 말고 모두 발라야 한다. 다 바르면 혼합액이 스며들도록 몇 시간 동안 그대로 둔다. 다 스며들면 가죽을 깨끗한 물에 하룻밤 담가 두어야 한다.

이 방법을 사용하려 할 때 가장 큰 문제는 공룡의 악명 높은 두뇌 크기, 즉 몸통에 비해 뇌가 너무 작다는 점이다. 예를 들어 캄프토사우루스의 경우 이 방법으로 효과를 거두려면 뇌의 양이 부족할 가능성이 높다. 다만 뇌의 활성 성분과 비슷한 성분은 달걀노른자에도 포함되어 있으므로 뇌 대신 공룡 알을 사용할 수 있을지도 모른다. 달걀노른자를 이용할 때에는 노른자 100그램 대 뜨거운 물 300밀리리터의 비율로 섞는다. 따라서 공룡 알 노른자를 이용할 때에도 이 비율에 따라 가죽이 완전히 잠길 만한 양의 혼합액을 만들어야 한다. 이 혼합액을 섭씨 40도 정도로 데운 다음, 혼합액의 일부를 가죽의 양쪽 면에 골고루 바르고 잘 스며들도록 두 시간쯤 기다린다. 시간이 지나면 항아리 또는 안쪽에 방수 처리를 한 구덩이에 혼합액을 붓고 가죽을 완전히 담가 하룻밤 동안 재워놓는다. 다음날 이 가죽을 꺼내어 넓게 펴서 말린다. 다 마른 후에도 가죽이 여전히 딱딱하다면 부드러워질 때까지 앞의 과정을 반복해야 한다.

현대에는 밤나무나 참나무, 헴록, 맹그로브 같은 나무의 껍질에 포함된 타닌 화합물을 이용하는 방법도 쓰인다. 그런데 문제는, 쥐라기 후기의 모리슨 평야에서는 이러한 나무들이 아직 진화를 끝마치지 못했다는 점이다. 앞서 예로 든 나무는 모두 활엽수인데 활엽수가 등장하는 것은 아직 먼 미래의 일이기 때문이다. 다만 현대에도 전나무의 타닌 성분을 사용하는 경우가 있다. 전나무 껍질은 약 11퍼센트가 타닌 성분이기 때문이다. 그러므로 어쩌면 모리슨 평야의 침엽수 역시 사용할 수 있을지도 모른다. 게다가 현존하는 양치류의 땅속줄기도 무두질에 사용되므로 현지의 양치식물 역시 채취하여 실험해 볼 만하다.

땅에 구덩이를 파서 무두질을 할 때에는 구덩이 안쪽에 점토를 바른 다음, 타닌 함유량이 높은 나무껍질과 물을 섞어 이곳에 가득 채우고 가죽을 담근다. 이 과정을 거치면 가죽에 포함된 화학물질이 분해되어 섬유질이 부드러워진다. 이 상태로 하루나 이틀 정도 지나면 가죽을 꺼내어 넓게 펴서 말려 준다.

자, 이제 입고 싶은 옷을 만들 준비가 다 끝났다.

동물 배설물! 썩은 살점! 명심하라. 가죽을 어떤 방법으로 가공하든 간에 작업장은 반드시 집에서 멀찍이 떨어진 곳에, 바람이 불어 가는 쪽을 향해 만들어야 한다.

천연 자원이 가득한 모리슨 평야

이제 당신은 쥐라기 후기의 모리슨 평야에 정착지를 건설하는 데 필요한 정보를 모두 갖추었다.

평야의 지형과 지질을 알았으니 유용한 광물 자원을 찾으려면 어디로 가야 하는지도 알게 되었다. 여러 하천에 퇴적된 모래와 자갈에서는 집 지을 재료를 손에 넣을 수 있다. 석회질이 풍부한 호수에서는 시멘트를 제조하는 데 필요한 석회를 채취할 수 있다. 북쪽으로 점점 물러나는 선댄스해 가장자리의 활 모양 간석지에서는 벽에 바를 석고도 구할 수 있다. 평야 이곳저곳에 있는 퇴적 점토는 벽돌이나 질그릇을 만들 수 있는 소중한 재료이다. 강둑을 따라 형성된 퇴적층은 광석을 구할 수 있는 사광이다. 보존 식품을 만들거나 생가죽을 처리할 때 필요한 소금은 말라붙은 만이나 염호에서 잔뜩 채취할 수 있다. 소금은 살아가는 데 없어서는 안 될 자원이므로 물이 흐르는 방향을 잘 조사하여 채취하기에 가장 좋은 장소를 알아 두어야 한다.

우리는 지금까지 여러 지형의 다양한 식물군을 살펴보면서 어떤 식물이 유용한지를 알아냈다. 침엽수의 줄기와 지붕 덮개용 속새는 귀중한 건축 자재들이다. 단단한 목재를 구워서 만드는 숯은 요리나 공작 활동에 반드시 필요하다. 아라우카리옥실론과 은행나무의 종자는 양치류나 나무고사리에 비해 안정적인 식량 공급원이기도 하다.

식량을 구할 방법은 그것뿐만이 아니다. 예컨대 생선도 있다. 당신이 찾은 모리슨 평야에는 주로 케라토두스(폐어) 같은 커다란 물고기가 살고 있을 것이다. 가재나 조개 또한 식물을 먹고 사는 귀뚜라미 같은 거대 곤충과 더불어 영양가 높은 식량이 될 것이다.

고기는 기본적으로 중간 크기의 공룡, 무엇보다 캄프토사우루스 같은 초식 공룡이 주요 공급원이다. 뒤를 밟아서 잡는 것도 좋지만 이곳의 삶에 어느 정도 익숙해지면 사육이나 인공 번식도 고려해 보자. 키우는 데 성공하면 식용 고기뿐 아니라 가죽도 손에 넣을 수 있기 때문이다. 대형 공룡의 뼈는 건축 자재로도 사용할 수 있다. 한마디로, 이용하는 방법만 안다면 모리슨 평야에는 살아가는 데 필요한 자원이 한가득 널려 있다는 뜻이다.

그럼 지금부터 모리슨 평야에서 살아가는 모험가의 평범한 하루를 살짝 엿보기로 하자.

서늘한 아침, 떠오르는 해와 함께 하루가 시작된다

안개 낀 동쪽 지평선에 아침 해가 떠오른다. 통나무 방어벽 위에 서 있는 당신의 눈앞에 서서히 밝아 오는 평야가 자태를 드러낸다.

방어벽은 알로사우루스나 케라토사우루스 같은 사나운 육식 공룡을 막을 만큼 튼튼할 뿐 아니라, 초식 공룡들이 정기적으로 이동하는 경로에서도 멀리 떨어진 곳에 세워졌다. 방어벽 아래는 낭떠러지이므로 이곳에 서면 평야가 한눈에 내려다보인다. 당신이 선택한 정착지는 높이 솟은 충적 제방 위, 몇 백 년 동안이나 홍수에 잠긴 적이 없는 곳이다. 모리슨 평야에 도착한 당신 일행은 맨 먼저 이곳을 거주지로 정한 다음 무성하게 자란 식물을 베고 집 지을 터를 마련했다.

당신이 서 있는 곳 근처에는 아직 밤의 냉기가 남아 있다. 당신은 식물 섬유를 넣어 보온 효과를 높인 가죽 윗옷에다 소철잎을 물에 담가서 뽑아낸 섬유로 짠 각반까지 단단히 갖춰 입고서, 뜨거운 은행 차가 더운 김을 피워 올리는 소박한 수공에 컵을 단단히 감싸 쥐고 싸늘하게 식은 두 손을 덥히는 중이다. 햇볕이 강해지면서 지표면에 가까운 지하수면으로부터 수분이 증발하자 평야를 뒤덮었던 냉기가 서서히 물러간다. 증발한 수분은 지표면의 냉기와 접촉하여 응축되기 때문에 한동안은 안개가 짙어지지만, 하루 일과를 시작하러 정착지를 나설 때가 되면 시야가 탁 트일 것이다.

제방 아래쪽 울타리 바로 옆에 맑은 물웅덩이가 널찍이 자리 잡고 있다. 강물은 쉬지 않고 제방을 넘거나 샘을 형성하여 이 웅덩이에 물을 공급한다. 물가에 커다란 아파토사우루스 두 마리가 보인다. 기다란 목 끝에 달린 조그마한 머리를 물에 담그고 갈증을 다스리는 중이다. 간밤에 평야를 건너온 녀석들인가 보다. 저렇게 큼직한 발로 용케 소리도 없이 걸어왔다. 당신 등 뒤의 공동

주방에서 군침 도는 냄새가 퍼져 온다. 오늘 아침은 소금에 절인 훈제 생선과 나무고사리의 땅속줄기로 만든 죽이다.

가재 덫을 점검할 시간, 통나무배를 타고 출발!

오늘 당신이 맡은 일은 가재 덫을 점검하고 잡힌 놈이 있으면 모아서 정착지로 싣고 오는 것이다.

해가 높이 솟을 즈음, 당신은 제방에서 내려와 침엽수를 베어 만든 조그마한 선착장으로 향한다. 이제 대기가 슬슬 따뜻해지므로 방한 용구는 벗어도 된다. 먼저 배를 묶어 두었던 밧줄을 말뚝에서 벗긴다. 배라고 해 봐야 거대한 쿠프레스옥실론의 줄기 부분을 파서 만든 통나무배일 뿐이다. 목공 솜씨가 좋아지면 더 번듯한 배도 만들 수 있을 테지만, 당장은 통나무배와 뗏목만 있어도 충분하다. 낭떠러지 위에 우뚝 선 방어벽을 뒤로 하고 물살을 거슬러 상류 쪽으로 배를 저어 간다. 정착지가 멀어지는 동안 마지막으로 귀에 들리는 것은 돌도끼의 쩍, 쩍, 쩍 소리이다. 동료들이 제방을 따라 늘어선 수백 년 된 세쿼이아들 가운데 한 그루를 베는 중이다. 어느덧 그 소리도 멀어지고, 이제 무성한 식물들 사이로 요란하게 지저귀는 새인지 프테로사우루스인지 모를 동물의 울음소리가 귀를 간지럽힌다. 물살은 기슭에 가까이 갈수록 잔잔해지지만 너무 가까이 갔다가는 무리 지어 자란 속새에 배가 걸려 꼼짝도 못한다. 하지만 이 근처는 강폭이 넓어서 물살도 전체적으로 잔잔하다. 건너편 기슭으로 눈을 돌리니 무성하게 자란 키 작은 식물 사이로 아름드리나무들이 한 줄로 늘어서 있다. 배에 가까운 기슭에는 나무고사리나 소철류, 키카데오이드 같은 자그마한 나무들이 수면에 이파리를 드리우고 있다. 이 작은 나무들을 내려다보듯 침엽수 한 그루가 초록빛 수관을 머리에 이고 서 있다. 그늘을 골라가며 배를 젓는 중이지만 어느새 나무줄기 틈새로 비쳐든 햇살이 강물 위에 모여든 커다란 잠자리 같은 벌레들을 비춘다. 잔잔한 강물이 거의 소리도 내지 않고 흘러가는 가운데 이따금씩 생각지도 못한 곳에 소용돌이가 생겨 콸콸거리는 소리, 또 아마도 모롤레피스인 듯싶은 물고기가 벌레를 쫓아 솟구쳤다가 떨어지며 내는 '첨벙' 소리가 정적을 깨뜨린다. 오늘은 당신 혼자서 단독 행동에 나선 날이다. 다른 동료들도 저마다 이런저런 일을 맡아 땀을 흘리는 중이다.

고요한 수면 저편에서 어렴풋이 웬 선율이 들려온다. 강물 한복판에 떠 있는 그림자 두 개가 아무래도 뗏목 같다. 소금이 가득 찬 커다란 가죽 부대를 몇 개나 싣고 있다. 사공은 필요할 때마다 한 번씩 상앗대로 강바닥을 짚으며 물살을 타고 하류 쪽으로 향한다. 비번인 동료 한 사람은 뗏목에 걸터앉아 물에 발을 담근 채 피리를 불고 있다. 아마도 기다랗고 속이 빈 소형 공룡의 뼈를 세공하여 만든 피리일 것이다. 이들은 몇 달에 걸친 원정을 끝내고 마침내 정착지 근처까지 돌아온 참이다. 뗏목을 저어 강을 거슬러 올라가서 머나먼 산맥 바로 앞에 펼쳐진 널따란 진흙 들판에 도착하여, 일행이 다 함께 써도 1년은 너끈히 버틸 만큼 많은 양의 소금을 모아서 커다란 가죽 부대에 가득 채워 강까지 옮기고 뗏목에 실어 드디어 정착지의 선착장 바로 앞까지 도착한 것이다.

당신은 손을 흔들어 동료들의 귀환을 환영한다. 그들도 힘차게 손을 흔들어 화답한다. 집으로 돌아가는 기분을 만끽하려는 듯, 서두르는 기색 없이 물살을 타고 느긋이 흘러간다. 어느덧 뗏목은 저 멀리 사라지고 강에는 다시 당신뿐이다. 그러나 외로움도 잠시뿐. 프테로사우루스 몇 마리가 모습을 드러낸다. 너무 멀어서 식별하기는 힘들지만 강 한복판, 아까 뗏목이 지나간 자리 부근에서 활공하는 중이다. 뗏목에 놀라 수면 근처까지 올라왔던 물고기가 눈에 띄었나 보다. 녀석들은 차례로 물고기를 입에 문 다음 건너편 기슭을 향해 날갯짓한다.

아차, 일을 깜박할 뻔했다. 배와 가까운 강기슭을 따라 숲이 길게 이어지다가 한 군데서 뚝 끊긴다. 그 틈새 깊숙한 곳에 물웅덩이가 있기 때문이다. 당신은 기슭 쪽으로 배를 저어 무성하게 자란 속새 사이로 파고든다. 뾰족한 뱃머리에 눌린 속새들이 길을 터 주는가 싶더니 곧바로 양 옆의 식물들이 가지를 드리워 만든 터널이 나타난다. 원래는 이곳에도 강이 흐르고 있었지만 오랜 세월에 걸쳐 물길이 바뀌었고, 이곳에 남은 웅덩이는 식물들이 차지했다. 덫을 친 곳을 알려 주는 부표 두 개가 물 위에 둥둥 떠 있다. 당신은 부표 한 개를 붙잡은 다음 아래에 늘어진 줄을 잡아당겨 덫(사실은 점토 항아리)을 끌어올린다. 이런, 아쉽게도 텅 비었다. 미끼만 쏙 빼먹은 것이다. 빈 덫에 (물고기 살점으로 만든) 미끼를 걸고 다시 웅덩이에 담근다. 다른 덫은 소득이 있었다. 손바닥만 한 가재

한 마리가 먹이에 이끌려 항아리에 들어와서는 여기라면 안전하겠
거니 하고 느긋하게 퍼져 있는 것이다. 당신은 이 가재를 꺼내어 바
구니 삼아 배에 싣고 온 항아리에 옮겨 담은 다음, 빈 덫에 미끼를
걸어 웅덩이 바닥에 담근다. 이제 뱃머리를 돌려 후텁지근한 나무
그늘을 뒤로 하고 환한 강으로 돌아갈 시간이다.

　오전 내내, 전날 덫을 놓았던 강어귀와 웅덩이 이곳저곳을 돌며
같은 작업을 반복한다. 어느덧 항아리 속에서 가재 몇 마리가 자
그락대는 소리가 들려온다.

동료와 힘을 합쳐 알로사우루스를 잡아 보자

정오 무렵, 강의 만곡부 안쪽에 만들어진 좁다란 모래사장에 배를
대고 잎이 무성한 키카데오이드의 그늘에 앉아 점심을 먹는다. 오
늘 도시락은 카마라사우루스 육포와 아라우카리옥실론 구과이
다. 물가에 쓰러진 통나무를 따라 민물 거북 여러 마리가 한 줄로
앉아 있다. 두꺼운 등갑이 지켜 주리라 믿기 때문인지 당신 쪽으로
는 눈길도 주지 않는다. 그러나 모래사장 끄트머리에 있던 도마뱀
비슷한 스페노돈류(아마도 에일레노돈)는 깜짝 놀라 수풀 속으로
달아나 버린다. 당신을 믿지 못하는 것이다. 키가 당신만 한 육식
공룡이 이 근처에 잔뜩 산다는 점을 생각해 보면 겁을 집어먹는 것
도 당연하다. 이제 모래사장에 악어가 없는지 확인한 다음, 낮잠
을 한숨 청하기로 하자. 이따가 정착지로 돌아가는 길에는 건너편

기슭의 덫을 점검하는 일이 기다리고 있다.

감겼던 당신의 눈이 번쩍 떠진다. 근처에서 겁에 질린 비명 소리가 울려 퍼진다. 누군가 위험에 처한 사람이 있다!

당신은 창과 칼을 움켜쥔다. 무기라고 해 봐야 이것뿐이다. 양치류 이파리를 헤치며 강가를 벗어나 소동이 일어나는 쪽으로 향한다. 강가의 무성한 수풀은 금세 사라지고 눈앞에 평야가 펼쳐져 있다. 함께 정착한 동료 몇 명이 저 앞에 보인다. 두 사람이 조그마한 스테고사우루스를 막대에 꿰어 어깨에 걸머지고서, 무거운 짐이 허락하는 최대한의 속도로 있는 힘껏 달리고 있다. 주위에는 다른 동료 너덧 명도 함께 달리면서 사냥감을 낚아채려는 중간 크기의 알로사우루스를 쫓으려고 안간힘을 쓰는 중이다. 동료들의 발자국이 무릎 높이까지 자란 평야의 양치류를 이리저리 누비며 길게 이어진 것을 보면 한참 전부터 쫓겨 온 듯싶다. 다들 목청껏 고함을 치고 양 팔을 휘휘 저으며 알로사우루스를 위협하고 있다. 그러나 이 전술로는 그리 오래 버티지 못한다. 알로사우루스가 원을 그리며 서서히 접근한다. 보폭이 워낙 넓은 놈이다 보니 소중한 보물을 걸머진 사냥꾼들보다 걸음이 훨씬 빠르다. 그 순간, 발을 붙잡던 양치류 수풀이 뚝 끊기고 줄기가 어지럽게 짓밟힌 공터가 나타난다. 디플로도쿠스 무리가 방금 전까지 양치류를 먹어 치운 흔적인가 보다. 폭이 널따란 발자국이 여기저기 보인다. 사냥꾼들은 공룡 발자국을 따라 걸음을 서둘러 보지만 알로사우루스는 눈도 깜짝하지 않는다. 날카로운 이빨이 줄줄이 나 있는 아가리를 한껏 벌리고 억센 앞다리를 뻗어 발톱으로 사냥감을 쿡쿡 찌른다. 용감한 젊은이 한 명이 홀로 나서서 벌어진 아가리에 창을 찔러 넣는다. 이번에는 알로사우루스도 깜짝 놀랐는지 멈칫 물러서는가 싶었지만, 이내 아가리를 꽉 다물어 젊은이의 손에서 창을 빼앗더니 우적우적 씹어 버린다. 다른 사냥꾼들도 함께 모여 두꺼운 피부에 창을 꽂아 보지만 알로사우루스는 꿈쩍도 않는다. 마침내 당신도 가세하기로 결심한다. 사냥감을 지키기 위해, 목청껏 함성을 지르며 달려 나가서 난투에 가담한다. 아무래도 지금이 승패의 전환점인 듯싶다. 거짓말로라도 영리하다고는 말하기 힘든 알로사우루스는 새로 가세한 당신을 보고 적이 더 강해졌다고 생각했나 보다. 아니면 너무 오래 공격하다 보니 기운이 다 떨어졌는지도. 어쨌거나 알로사우루스는 공격을 포기하고 등을 돌려 천천히 사라져 간다. 당신은 사냥꾼 동료들과 함께 방방 뛰며 승리의 함성을 지른다. 그러고 보니 알로사우루스가 흥분한 것도 당연하다. 스테고사우루스의 부서진 머리에서 피가 흘러나와 강렬한 냄새를 퍼뜨렸기 때문이다. 바위를 떨어뜨리는 방식의 덫도 성능은 꽤 쓸 만하지만, 이렇게 되고 보니 좀 더 다루기 쉽고 효과적인 신형 덫을 고안해야겠다. 잠시 쉬면서 가쁜 숨을 고른 사냥꾼 일행은 사냥감을 다시 걸머지고 느긋하게 정착지로 향한다. 당신도 모래사장에 묶어 둔 배로 돌아간다.

대단한 활극이었다고 생각하며 배를 강으로 끌어낸 다음, 잔잔한 강을 가로질러 건너편 기슭의 덫을 점검하러 간다. 덫을 다 살펴보려면 오후가 다 갈 것만 같다.

사람만 한 폐어와 씨름하는 낚시꾼들

이날은 또 한 편의 드라마가 펼쳐졌다. 낚싯배에 탄 동료 두 명이 커다란 폐어를 끌어올리려고 악전고투하는 현장에 도착한 것이다. 폐어는 몸길이가 사람 키만 한 놈도 있을뿐더러 낚싯줄에 걸리면 물속에서 사납게 날뛴다. 그래서인지 두 사람이 탄 배는 금방이라도 뒤집힐 것만 같다. 식물 섬유로 만든 낚싯줄이 끊어질 것 같지는 않지만, 그래도 폐어를 낚아 올리기는커녕 도망가지 못하게 붙잡아 두는 데만도 두 사람 몫의 힘이 오롯이 필요하다. 이 부근은 물이 얕으므로 당신은 무릎까지 차는 물속으로 성큼 뛰어들어 미끌미끌한 폐어를 끌어안으려고 했으나…… 이런, 안 되겠다. 비늘이 너무 미끄러워서 힘이 들어가질 않는다. 그래도 굴하지 않고 폐어의 몸을 붙잡아 통째로 집어던지듯이 배 쪽으로 밀어붙인다. 낚시꾼 한 명이 몽둥이로 폐어의 머리를 때려 기절시킨다. 세 사람이 다 함께 힘을 모아 물고기를 배에 싣는다. 두 사람은 집으로 향한다. 오늘 일과가 다 끝난 것이다. 당신은 원래 타던 배로 돌아와 계속해서 가재 덫을 점검한다.

슬슬 점검도 끝나가고, 배에 실어 둔 항아리에는 가재가 가득하다. 정착지가 있는 쪽으로 뱃머리를 돌려 물살을 타고 느긋하게 하류 쪽으로 향한다. 강가 풍경 속에 이정표로 삼을 만한 것은 하나도 없지만 숯 굽는 연기 냄새가 어렴풋이 흘러오는 것을 보니 정착지가 가까워진 모양이다. 그렇게 생각하기가 무섭게 이번에는 거주 구역에서 멀리 떨어진 가죽 가공장으로부터 지독한 악취가 풍겨 온다. 잔잔한 물결을 가로질러 배를 건너편 기슭에 대자마자 또 다시 전혀 다른 악취가 코를 찌른다. 부패하여 퉁퉁 불은 동물의 주검이 배 옆으로 흘러가고 있다. 아무래도 브라키오사우루스 같다. 죽은 지 며칠은 되어 보인다. 멀리 내륙에서부터 떠내려왔으리라. 내장이 부패했기 때문에 몸통에 가스가 차서 물에 가라앉지 않은 것이다. 이런 주검이 떠내려오면 소형 악어나 캄프소사우루스 물속에서 살을 뜯어먹는다. 곤충이 날개 소리를 내며 모여드는 한편으로 프테로사우루스도 날아와 주검의 옆구리 살을 파먹는다. 앞으로도 한참 동안은 이렇게 물 위에 떠 있겠지만 부패가 더 진행되면 강바닥으로 가라앉을 것이다. 그다음에는 퇴적물에 덮일 테고, 어쩌면 언젠가 화석이 되어 다시 빛을 볼지도 모른다.

드높은 함성 소리가 상념에 잠겨 있던 당신을 깨운다. 정착지에 가까워질수록 점점 커지던 돌도끼의 쩍, 쩍 소리가 문득 멈추는가 싶더니, 이윽고 요란한 함성 소리가 울려 퍼진 것이다. 위를 올려다보니 이 근방에서 가장 커다란 세쿼이아가 천천히 쓰러지는 중이다. 아름드리나무는 양 옆에 서 있던 세쿼이아의 가지를 스치며 키 작은 덤불로 우지끈 넘어진다. 근처에서 주운 돌로 만든 돌도끼로는 한 그루를 베는 데에도 꼬박 하루가 걸린다.

정착지에 도착한 당신은 하루의 수확물을 저녁 조리반에게 넘긴다. 오늘 밤에는 생각지도 못한 진수성찬이 펼쳐질 것이다. 사냥꾼들이 죽을 고비를 넘기며 덫에서 빼 온 스테고사우루스는 이미 해체 과정을 거쳐 가장 맛있는 부위를 모닥불에 자글자글 굽는 중이다. 한쪽에서는 알로사우루스와 혈전을 벌이다 팔에 부상을 입은 동료 한 명이 속새 줄기로 만든 약을 바르고 붕대를 감은 채 쉬고 있다. 얼마 전에 발견한 디플로도쿠스의 산란장에서 가져온 알이 질냄비 속에서 한창 익어 간다. 발갛게 단 장작 속에서는 다 익은 아라우카리옥실론의 구과가 벌어지며 타닥거린다. 태양은 한참 전에 서쪽으로 기울었고, 기온은 점점 낮아진다. 하루 일을 끝마친 동료들이 모닥불 앞에 둘러앉는다.

큼지막한 진주보다
모닥불가의 정담이 더 소중한 세계

당신 일행이 있는 곳은 물론 침엽수 줄기를 단단히 쌓아 만든 튼튼한 방어벽 안쪽이다. 사람들이 사는 오두막은 크럭 공법으로 만들었다. 구부러진 나무줄기를 목조 대신 사용한 오두막이 있는가 하면, 용각류의 갈비뼈를 이용한 집도 있다. 지붕은 속새 줄기를 단단히 엮어 덮었다. 한쪽의 커다란 건물은 콘크리트로 터를 잡고 벽돌을 쌓아 벽을 올렸다. 우기에는 일행 모두 이 건물에 모여 지낸다. 그러나 오늘의 저녁 하늘은 구름 한 점 없이 맑다. 문 바깥에 피워 둔 조리용 모닥불은 산소 농도가 높은 대기 덕분에 선연한 붉은 빛을 내며 타고 있다. 공터 저편에 늘어선 창고들이 보인다. 나무로 골조를 짜고 벽에는 회반죽을 발라 만든 창고는 저마다 짤따란 기둥 위에 서 있는 모습이 꼭 버섯 같다. 소형 포유류가 기어

오르지 못하도록 바닥을 높이 띄워 만든 것이다. 그중 한 채의 지붕에는 기와 대신 스테고사우루스의 골판이 줄지어 덮여 있다. 창고에는 식량이 부족할 때를 대비해 말리거나 소금에 절인 보존 식품을 차곡차곡 쌓아 두었다. 창고 바닥 아래의 공간에는 몸집이 고양이만 한 프루이타캄프사가 몇 마리 묶여 있다. 이 녀석들은 목에 매인 줄이 꽤 길기 때문에 조그만 동물이 식량을 노리고 숨어들면 쫓아가서 잡을 수 있다.

방어벽 바깥에 따로 쳐 놓은 울타리 안에서는 캄프토사우루스를 기른다. 아직은 사육이 가능한지 실험하는 단계이다. 이 초식 공룡들이 갇힌 상태에서 어떻게 반응하는지 자세히 알아내려면 시간이 필요하다. 방목하는 데 필요한 면적은 얼마나 되는지, 또 하루 중 특정 시간대 또는 연중 특정 시기에 맞춰 다른 환경으로 이동하는 습성이 있는지 어떤지도 알아야 하기 때문이다. 당장은 고분고분해 보이지만 온통 모르는 것 투성이이다. 지금은 이 공룡들이 밤을 무사히 보낼 수 있도록 방어벽 안쪽의 좁은 울타리 속으로 데려온 참이다. 평야에서 서성대는 대형 육식 공룡의 이빨과 발톱으로부터 지켜 주지 않으면 안 된다.

모닥불 위에서 지글거리는 고기가 군침 도는 냄새를 풍긴다. 바깥에서 하루 종일 일하다 온 당신은 허기가 지다 못해 몸이 근질거릴 지경이다. 이 고기에 침엽수의 구과와 삶은 양치류의 어린잎을 샐러드 대신 곁들인다. 소박한 질그릇 접시 위에 올린 가재와 민물 조개에서도 더운 김이 모락모락 피어오른다. 당신은 삶은 조개를 한 개 까먹은 다음, 나머지는 야식거리 삼아 챙겨 둔다.

식사가 끝나면 즐거운 이야기 시간이다. 그날의 모험담을 뽐내는 사람도 있고, 다 함께 등지고 온 21세기 문명과 비교할 때 이곳의 삶이 어떤지에 대해 감상을 얘기하는 사람도 있다.

해가 저물고, 강 건너편에 서있는 나무의 줄기와 덥수룩한 수관 너머로 울긋불긋 물든 하늘이 보인다. 졸음을 못 이긴 사람들이 하나둘 오두막으로 돌아가면 모닥불을 둘러싼 노랫소리와 농담 소리도 차츰 사그라진다. 당신은 자리에서 일어나 유유히 흘러가는 시커먼 강물 쪽으로 눈을 돌린다. 손에는 아직 삶은 조개 한 개가 남아 있다. 무심코 껍데기를 열어 마지막 조개를 입에 털어 넣으려고 보니…… 잠깐, 안에 뭔가 묘한 것이 보인다. 이런, 진주가 아닌가! 크기가 엄지손가락만 하다. 현대 세계였다면 한몫 단단히 잡을 기회이다. 그러나 이곳에서는 호기심을 돋우는 것 이상의 가치는 없다. 당신은 진주를 높이 쳐들어 저녁놀에 비춰 보며 광택을 감상한다. 그러다가 강에 휙 던져 버린다. '퐁당' 소리가 귀를 간지럽힌다.

이토록 풍요롭고 또 자극으로 가득한 세계에서 그런 잡동사니에 연연할 만큼 한가한 사람은 아무도 없다.

옮긴이 **장성주**

출판 편집자를 거쳐 전업 번역자로 일하고 있다.《언더 더 돔》,《워킹
데드》,《아돌프에게 고한다》,《쿡스투어》,《버트런드 러셀의 자유로
가는 길》,《인기 없는 에세이》 등이 있다.

캄프토사우루스 미식 기행

어느 날 쥐라기로부터 불어온 탁월풍

초판 1쇄 발행 2013년 11월 25일

지은이 두걸 딕슨
옮긴이 장성주
펴낸이 양소연

기획편집 함소연 **디자인** 하주연 이지선 **마케팅** 이광택
관리 유승호 김성은 **인터넷사업부** 백윤경 이정돈 최지은

펴낸곳 함께읽는책 **등록번호** 제25100-2001-000043호 **등록일자** 2001년 11월 14일

주소 서울시 금천구 가산동 60-3 대륭포스트타워 5차 1104호
대표전화 02-2103-2480 **팩스** 02-2624-4240 **홈페이지** www.cobook.co.kr
ISBN 978-89-97680-08-5(03450)